住房和城乡建设领域施工现场专业人员继续教育培训教材

材料员岗位知识（第二版）

中国建设教育协会继续教育委员会　组织编写

中国建筑工业出版社

图书在版编目(CIP)数据

材料员岗位知识/中国建设教育协会继续教育委员会组织编写．—2版．—北京：中国建筑工业出版社，2021.10（2022.1重印）

住房和城乡建设领域施工现场专业人员继续教育培训教材

ISBN 978-7-112-26527-5

Ⅰ.①材… Ⅱ.①中… Ⅲ.①建筑材料-继续教育-教材 Ⅳ.①TU5

中国版本图书馆CIP数据核字(2021)第176999号

责任编辑：李 杰
责任校对：李美娜

住房和城乡建设领域施工现场专业人员继续教育培训教材
材料员岗位知识(第二版)
中国建设教育协会继续教育委员会 组织编写

*

中国建筑工业出版社出版、发行(北京海淀三里河路9号)
各地新华书店、建筑书店经销
唐山龙达图文制作有限公司制版
北京圣夫亚美印刷有限公司印刷

*

开本：787毫米×1092毫米 1/16 印张：8½ 字数：207千字
2021年9月第二版 2022年1月第二次印刷
定价：**32.00**元
ISBN 978-7-112-26527-5
(37832)

版权所有 翻印必究
如有印装质量问题，可寄本社图书出版中心退换
(邮政编码 100037)

丛书编委会

主　任：高延伟　丁舜祥　徐家斌

副主任：成　宁　徐盛发　金　强　李　明

委　员（按姓氏笔画排序）：

丁国忠　马　记　马升军　王　飞　王正宇　王东升
王建玉　白俊锋　吕祥永　刘　忠　刘　媛　刘清泉
李　志　李　杰　李亚楠　李斌汉　张　宠　张克纯
张丽娟　张贵良　张燕娜　陈华辉　陈泽攀　范小叶
金广谦　金孝权　赵　山　胡本国　胡兴福　姜　慧
黄　玥　阚咏梅　魏傪燕

出版说明

住房和城乡建设领域施工现场专业人员（以下简称施工现场专业人员）是工程建设项目现场技术和管理关键岗位从业人员，人员队伍素质是影响工程质量和安全生产的关键因素。当前，我国建筑行业仍处于较快发展进程中，城镇化建设方兴未艾，城市房屋建设、基础设施建设、工业与能源基地建设、交通设施建设等市场需求旺盛。为适应行业发展需求，各类新标准、新规范陆续颁布实施，各种新技术、新设备、新工艺、新材料不断涌现，工程建设领域的知识更新和技术创新进一步加快。

为加强住房和城乡建设领域人才队伍建设，提升施工现场专业人员职业水平，住房和城乡建设部印发了《关于改进住房和城乡建设领域施工现场专业人员职业培训工作的指导意见》（建人〔2019〕9号）、《关于推进住房和城乡建设领域施工现场专业人员职业培训工作的通知》（建办人函〔2019〕384号），并委托中国建筑工业出版社组织制定了《住房和城乡建设领域施工现场专业人员继续教育大纲》。依据大纲，中国建筑工业出版社、中国建设教育协会继续教育委员会和江苏省建设教育协会，共同组织行业内具有多年教学和现场管理实践经验的专家编写了本套教材。

本套教材共14本，即：《公共基础知识》（各岗位通用）与《××员岗位知识》（13个岗位），覆盖了《建筑与市政工程施工现场专业人员职业标准》涉及的施工员、质量员、标准员、材料员、机械员、劳务员、资料员等13个岗位，结合企业发展与从业人员技能提升需求，精选教学内容，突出能力导向，助力施工现场专业人员更新专业知识，提升专业素质、职业水平和道德素养。

我们的编写工作难免存在不足，请使用本套教材的培训机构、教师和广大学员多提宝贵意见，以便进一步修订完善。

前 言

本教材是根据住房和城乡建设部颁发的《关于改进住房和城乡建设领域施工现场专业人员职业培训工作的指导意见》(建人〔2019〕9号),在住房和城乡建设领域施工现场专业人员继续教育培训教材《材料员岗位知识》的基础上修订而成。本教材编写过程中参考了《施工现场建筑垃圾减量化指导图册》(建办质函〔2020〕505号)、《混凝土和砂浆用再生微粉》JG/T 573—2020、《工程渣土免烧再生制品》JG/T 575—2020、《预应力混凝土用金属波纹管》JG/T 225—2020、《高性能混凝土用骨料》JG/T 568—2019等近3年的相关文件、规范和标准,内容上力求反映最新理论成果、最新政策法规和相关规范性文件,力求使教材具有前沿性和实用性。

本教材共分"新法规,新标准,新材料、新设备,新技术"4个章节。

本教材由南京市城建中等专业学校张丽娟高级工程师主编,江苏建筑职业技术学院朱超副教授参加编写。

本教材既可以作为施工现场材料员岗位继续教育培训教材,又可以满足施工现场材料员提高综合素质和适应岗位变化的需要,也可供职业院校师生和相关专业技术人员参考使用。

本教材在编写过程中,参阅和引用了不少专家学者的著作,在此一并表示衷心的感谢。

限于编者水平和编制时间有限,书中疏漏和错误难免,敬请读者批评指正。

目 录

第1章 新法规 ... 1

第1节 《促进绿色建材生产和应用行动方案》 ... 1
1.1.1 背景 ... 1
1.1.2 总体要求与行动目标 ... 1
1.1.3 建材工业绿色制造行动 ... 1
1.1.4 绿色建材评价标识行动 ... 2
1.1.5 水泥与制品性能提升行动 ... 2
1.1.6 钢结构和木结构建筑推广行动 ... 2
1.1.7 平板玻璃和节能门窗推广行动 ... 3
1.1.8 新型墙体和节能保温材料革新行动 ... 3
1.1.9 陶瓷和化学建材消费升级行动 ... 3
1.1.10 绿色建材下乡行动 ... 3
1.1.11 试点示范引领行动 ... 4
1.1.12 强化组织实施行动 ... 4

第2节 《绿色建材评价标识管理办法实施细则》《绿色建材评价技术导则（试行）》 ... 5
1.2.1 绿色建材评价标识管理办法实施细则 ... 5
1.2.2 绿色建材评价技术导则 ... 8

第3节 《财政部 住房和城乡建设部关于政府采购支持绿色建材促进建筑品质提升试点工作的通知》 ... 13
1.3.1 总体要求 ... 13
1.3.2 试点对象和时间 ... 13
1.3.3 试点内容 ... 13
1.3.4 保障措施 ... 14

第2章 新标准 ... 16

第1节 《混凝土和砂浆用再生微粉》JG/T 573—2020 ... 16
2.1.1 范围 ... 16
2.1.2 规范性引用文件（略） ... 16
2.1.3 术语和定义 ... 16
2.1.4 分类与标记 ... 16
2.1.5 要求 ... 16

		2.1.6	试验方法	17
		2.1.7	检验规则	17
		2.1.8	包装和标志	18
		2.1.9	贮存和运输	18
第 2 节	《工程渣土免烧再生制品》JG/T 575—2020			18
		2.2.1	范围	18
		2.2.2	规范性引用文件（略）	18
		2.2.3	术语和定义	19
		2.2.4	分类、规格和标记	19
		2.2.5	材料	20
		2.2.6	要求	20
		2.2.7	试验方法	22
		2.2.8	检验规则	23
		2.2.9	标志、包装、运输和贮存	24
第 3 节	《预应力混凝土用金属波纹管》JG/T 225—2020			25
		2.3.1	范围	25
		2.3.2	规范性引用文件（略）	25
		2.3.3	分类和标记	25
		2.3.4	要求	25
		2.3.5	试验方法	28
		2.3.6	检验规则	29
		2.3.7	包装和标志	30
		2.3.8	运输和贮存	30
		2.3.9	使用	30
第 4 节	《高性能混凝土用骨料》JG/T 568—2019			30
		2.4.1	范围	30
		2.4.2	规范性引用文件（略）	30
		2.4.3	术语和符号	30
		2.4.4	分类与等级	32
		2.4.5	要求	32
		2.4.6	试验方法	34
		2.4.7	检验规则	35
		2.4.8	标志、贮存和运输	36
第 5 节	《烧结保温砌块应用技术标准》JGJ/T 447—2018			36
		2.5.1	总则	36
		2.5.2	术语	36
		2.5.3	基本规定	37
		2.5.4	材料	37
		2.5.5	设计	40
		2.5.6	施工	41

2.5.7　验收 …………………………………………………………… 44

第3章　新材料、新设备 …………………………………………………… 47

第1节　混凝土新材料 …………………………………………………… 47
　　3.1.1　活性粉末混凝土 …………………………………………… 47
　　3.1.2　高耐久性混凝土 …………………………………………… 49

第2节　混凝土外加剂 …………………………………………………… 51
　　3.2.1　高性能减水剂 ……………………………………………… 51
　　3.2.2　膨胀剂 ……………………………………………………… 53

第3节　新型防水、密封、防火、防腐材料 ……………………………… 53
　　3.3.1　高分子聚合物改性沥青防水卷材 ………………………… 53
　　3.3.2　聚合物乳液建筑防水涂料 ………………………………… 57
　　3.3.3　硅酮和改性硅酮建筑密封胶 ……………………………… 58
　　3.3.4　丙烯酸酯类密封胶 ………………………………………… 60
　　3.3.5　钢结构防火防腐材料 ……………………………………… 61

第4节　绿色建筑与绿色建材 …………………………………………… 63
　　3.4.1　自保温混凝土复合砌块 …………………………………… 63
　　3.4.2　聚苯模块保温墙体 ………………………………………… 65
　　3.4.3　硬泡聚氨酯板 ……………………………………………… 67
　　3.4.4　纤维石膏空心大板复合墙体 ……………………………… 68
　　3.4.5　高效自保温外墙 …………………………………………… 69
　　3.4.6　高性能保温门窗 …………………………………………… 69
　　3.4.7　耐火节能窗 ………………………………………………… 71
　　3.4.8　一体化遮阳窗 ……………………………………………… 72

第5节　装饰装修新材料 ………………………………………………… 72
　　3.5.1　建筑玻璃 …………………………………………………… 72
　　3.5.2　装饰板材 …………………………………………………… 76
　　3.5.3　装饰用砖、砌块 …………………………………………… 79
　　3.5.4　装饰壁材 …………………………………………………… 80

第6节　建筑产业现代化 ………………………………………………… 83
　　3.6.1　预制装配式用混凝土、钢筋和钢材 ……………………… 83
　　3.6.2　预制装配式用连接材料 …………………………………… 83
　　3.6.3　预制装配式用其他材料 …………………………………… 84
　　3.6.4　钢筋锚固板连接 …………………………………………… 85
　　3.6.5　钢筋套筒灌浆连接 ………………………………………… 88

第7节　电气工程材料和设备 …………………………………………… 91
　　3.7.1　铜铝复合排、铜铝复合母线 ……………………………… 91
　　3.7.2　预分支电缆 ………………………………………………… 93
　　3.7.3　建筑电气用可弯曲金属导管 ……………………………… 93

第8节　给水排水及采暖工程新材料和新设备 ………………………… 95

	3.8.1	箱泵一体化设备	95
	3.8.2	同层排水设备材料	95
	3.8.3	免冲水小便器	95
	3.8.4	高密度聚乙烯外护管聚氨酯发泡预制直埋保温钢塑复合管	96
第9节	节能与能源利用、智慧城市	98
	3.9.1	节能照明与控制	98
	3.9.2	可再生能源	98
	3.9.3	智慧城市	98

第4章　新技术 · 100

第1节	混凝土中钢筋检测技术	100
	4.1.1　钢筋公称直径检测	100
	4.1.2　钢筋力学性能检测	102
第2节	薄壁金属管道新型连接安装施工技术	103
	4.2.1　技术内容	103
	4.2.2　技术指标	103
	4.2.3　适用范围	104
	4.2.4　工程案例	104
第3节	导线连接器应用技术	104
	4.3.1　技术内容	104
	4.3.2　技术指标	105
	4.3.3　适用范围	105
	4.3.4　工程案例	105
第4节	可弯曲金属导管安装技术	105
	4.4.1　技术内容	105
	4.4.2　技术指标	106
	4.4.3　适用范围	106
	4.4.4　工程案例	107
第5节	环氧磨石艺术地坪施工技术	107
	4.5.1　施工环境的要求	107
	4.5.2　地坪基层验收和再处理	107
	4.5.3　配套砂浆找平层施工	107
	4.5.4　现场放线	108
	4.5.5　配套底涂施工	108
	4.5.6　现场艺术图案精确定位	109
	4.5.7　艺术图案施工	109
	4.5.8　艺术图案周边施工	109
	4.5.9　整体打磨	109
	4.5.10　环氧树脂表层施工	110
	4.5.11　养护和保护	110

- 4.5.12 质量标准及验收 ··· 110
- 第 6 节 石材薄板铺贴、石材复合板墙面挂贴施工技术 ······················· 110
  - 4.6.1 石材薄板 ··· 110
  - 4.6.2 石材复合板干挂 ··· 110
  - 4.6.3 质量管控及操作要点 ··· 111
  - 4.6.4 质量标准 ··· 112
  - 4.6.5 成品保护 ··· 114
  - 4.6.6 应注意的问题 ··· 114
- 第 7 节 沥青路面再生技术 ·· 114
  - 4.7.1 前言 ··· 114
  - 4.7.2 技术原理 ··· 115
  - 4.7.3 再生方式 ··· 115
  - 4.7.4 施工方法 ··· 116
- 第 8 节 GRG 造型板外粘贴木皮技术 ······································ 116
  - 4.8.1 前言 ··· 116
  - 4.8.2 工法特点 ··· 116
  - 4.8.3 适用范围 ··· 117
  - 4.8.4 施工工艺流程及操作要点 ····································· 117
  - 4.8.5 质量控制 ··· 118
- 第 9 节 机喷石膏砂浆技术 ·· 118
  - 4.9.1 概述 ··· 118
  - 4.9.2 性能特点 ··· 118
  - 4.9.3 施工作业条件 ··· 119
  - 4.9.4 夏季施工易发问题及预控方案 ································· 121
  - 4.9.5 质量控制措施 ··· 121
- 第 10 节 墙体玻化砖施工技术 ··· 121
  - 4.10.1 前言 ·· 121
  - 4.10.2 施工条件 ·· 121
  - 4.10.3 施工操作工艺 ·· 121
  - 4.10.4 质量标准 ·· 122
  - 4.10.5 成品保护 ·· 123

第1章 新法规

第1节 《促进绿色建材生产和应用行动方案》

工信部联原〔2015〕309号

1.1.1 背景

为贯彻落实《中国制造2025》《国务院关于化解产能严重过剩矛盾的指导意见》和《绿色建筑行动方案》，促进绿色建材生产和应用，推动建材工业稳增长、调结构、转方式、惠民生，更好地服务于新型城镇化和绿色建筑发展，制定了《促进绿色建材生产和应用行动方案》。

1.1.2 总体要求与行动目标

绿色建材是指在全生命期内减少对自然资源消耗和生态环境影响，具有"节能、减排、安全、便利和可循环"特征的建材产品。我国建材工业资源能源消耗高、污染物排放总量大、产能严重过剩、经济效益下滑，绿色建材发展滞后、生产占比低、应用范围小。促进绿色建材的生产和应用是拉动绿色消费、引导绿色发展、促进结构优化、加快转型升级的必由之路，是绿色建材和绿色建筑产业融合发展的迫切需要，是改善人居环境、建设生态文明、全面建成小康社会的重要内容。为加快绿色建材生产和应用，制定本行动方案。

总体要求：以党的十八大和十八届三中、四中全会精神为指导，贯彻落实《中国制造2025》《国务院关于化解产能严重过剩矛盾的指导意见》和《绿色建筑行动方案》等要求，以新型工业化、城镇化等需求为牵引，以促进绿色生产和绿色消费为主要目的，以绿色建材生产和应用突出问题为导向，明确重点任务，开展专项行动，实现建材工业和建筑业稳增长、调结构、转方式和可持续发展，大力推动绿色建筑发展、绿色城市建设。

行动目标：到2018年，绿色建材生产比重明显提升，发展质量明显改善。绿色建材在行业主营业务收入中占比提高到20%，品种质量较好，满足绿色建筑需要，与2015年相比，建材工业单位增加值能耗下降8%，氮氧化物和粉尘排放总量削减8%；绿色建材应用占比稳步提高。新建建筑中绿色建材应用比例达到30%，绿色建筑应用比例达到50%，试点示范工程应用比例达到70%，既有建筑改造应用比例提高到80%。

1.1.3 建材工业绿色制造行动

1. 全面推行清洁生产。支持现有企业实施技术改造，提高绿色制造水平。推广应用建材窑炉烟气脱硫脱硝除尘、煤洁净气化以及建材智能制造、资源综合利用等共性技术，优先支持建筑卫生陶瓷行业清洁生产技术改造。平板玻璃行业限制高硫石油焦燃料。引导北方采暖区水泥企业在冬季供暖期开展错峰生产，节能减排，减少雾霾。

推广新型耐火材料。全面推广无铬耐火材料，从源头消减重金属污染。开发推广结构功能一体化、长寿命及施工便利的新型耐火材料和微孔结构高效隔热材料。

2. 强化综合利用，发展循环经济。支持利用城市周边现有水泥窑协同处置生活垃圾、污泥、危险废物等；支持利用尾矿、产业固体废弃物，生产新型墙体材料、机制砂石等。以建筑垃圾处理和再利用为重点，加强再生建材生产技术和工艺研发，提高固体废弃物消纳量和产品质量。

3. 推进两化融合，发展智能制造。引导建材生产企业提高信息化、自动化水平，重点在水泥、建筑卫生陶瓷等行业推进智能制造并提升水平。深化电子商务应用，利用二维码、云计算等技术建立绿色建材可追溯信息系统，提高绿色建材物流信息化和供应链协同水平。开发推广工业机器人，在建筑陶瓷、玻璃、玻纤等行业开展"机器代人"试点。

1.1.4　绿色建材评价标识行动

1. 开展绿色建材评价。按照《绿色建材评价标识管理办法》，建立绿色建材评价标识制度。抓紧出台实施细则和各类建材产品的绿色评价技术要求。开展绿色建材星级评价，发布绿色建材产品目录。指导建筑业和消费者选材，促进建设全国统一、开放有序的绿色建材市场。

2. 构建绿色建材信息系统。建立绿色建材数据库和信息采集、共享制度。利用"互联网＋"等信息技术构建绿色建材公共服务系统，发布绿色建材评价标识、试点示范等信息，普及绿色建材知识。构建绿色建材选用机制，疏通建筑工程绿色建材选用通道，实现产品质量可追溯。研究建立绿色建材第三方信息发布平台。

3. 扩大绿色建材的应用范围。围绕绿色建筑需求和建材工业发展方向，重点开展通用建筑材料、节能节地节水节材与建筑室内外环境保护等方面材料和产品的绿色评价工作。在推进绿色建筑发展和开展绿色建筑评价工作中强化对绿色建材应用的相关要求。在工业和信息化部、住房和城乡建设部各类试点示范工程和推广项目中，进一步明确对绿色建材使用的规定。

1.1.5　水泥与制品性能提升行动

1. 发展高品质和专用水泥。修订水泥产品标准，完善产品质量标准体系，鼓励生产和使用高标号水泥、纯熟料水泥。优先发展并规范使用海工、核电、道路等工程专用水泥。支持延伸产业链，完善混凝土掺合料标准，加快机制砂石工业化、标准化和绿色化。

2. 推广应用高性能混凝土。鼓励使用C35及以上强度等级预拌混凝土，推广大掺量掺合料及再生骨料应用技术，提升高性能混凝土应用技术水平。研究开发高性能混凝土耐久性设计和评价技术，延长工程寿命。

3. 大力发展装配式混凝土建筑及构配件。积极推广成熟的预制装配式混凝土结构体系，优化完善现有预制框架、剪力墙、框架-剪力墙结构等装配式混凝土结构体系。完善混凝土预制构配件的通用体系，推进叠合楼板、内外墙板、楼梯阳台、厨卫装饰等工厂化生产，引导构配件产业系列化开发、规模化生产、配套化供应。

1.1.6　钢结构和木结构建筑推广行动

1. 发展钢结构建筑和金属建材。在文化体育、教育医疗、交通枢纽、商业仓储等公共建筑中积极采用钢结构，发展钢结构住宅。工业建筑和基础设施大量采用钢结构；在大跨度工业厂房中全面采用钢结构；推进轻钢结构农房建设；鼓励生产和使用轻型铝合金模板和彩铝板。

2. 发展木结构建筑。促进城镇木结构建筑应用，推动木结构建筑在政府投资的学校、幼托、敬老院、园林景观等低层新建公共建筑，以及城镇平改坡中的使用。推进多层木-钢、木-混凝土混合结构建筑，在以木结构建筑为特色的地区、旅游度假区重点推广木结构建筑。在经济发达地区的农村自建住宅、新农村居民点建设中重点推进木结构农房建设。

3. 大力发展生物质建材。促进木材加工和保护产业发展，支持利用农作物秸秆、竹纤维、木屑等发展生物质建材，优先发展和使用生物质纤维增强的木塑、新型镁质建材等围护用和装饰装修用产品。鼓励在竹资源丰富地区，发展竹制建材和竹结构建筑。

1.1.7　平板玻璃和节能门窗推广行动

1. 大力推广节能门窗。实施建筑能效提升工程，建设高星级绿色建筑，发展超低能耗、近零能耗建筑。新建公共建筑、绿色建筑和既有建筑节能改造应使用低辐射镀膜玻璃、真（中）空玻璃、断桥铝合金等节能门窗，带动平板玻璃和铝型材生产线升级改造。

2. 严格使用安全玻璃。加强安全玻璃生产和使用监督检查，适时修订《建筑安全玻璃管理规定》，切实规范建筑安全玻璃生产、流通、设计、使用和安装管理，防止以次充好，消除玻璃门窗和幕墙安全隐患。

3. 发展新型和深加工玻璃产品。鼓励太阳能光热、光伏与建筑装配一体化，带动光热光伏玻璃产业发展。支持发展电子信息用屏显玻璃基板、防火玻璃、汽车和高铁等用风挡玻璃基板等新产品，提高深加工水平和产品附加值。

1.1.8　新型墙体和节能保温材料革新行动

1. 新型墙体材料革新。重点发展本质安全和节能环保、轻质高强的墙体和屋面材料，引导利用可再生资源制备新型墙体材料。推广预拌砂浆，研发推广钢结构等装配式建筑应用的配套墙体材料。

2. 发展高效节能保温材料。鼓励发展保温、隔热及防火性能良好、施工便利、使用寿命长的外墙保温材料，开发推广结构与保温装饰一体化外墙板。

1.1.9　陶瓷和化学建材消费升级行动

1. 推广陶瓷薄砖和节水洁具。推广使用大型化、薄型化的陶瓷砖，节水、轻量的坐便器（小便器）。开发新型水龙头、马桶盖等智能卫浴用品，促进卫生陶瓷人性化、智能化生产，更好满足个性化消费。发展透水砖等城镇道路建设材料及集水系统，支撑海绵城市建设。

2. 提升管材和型材品质。大力推广应用耐腐蚀、密封性好、保温节能的新型管材和型材，提高使用寿命和耐久性。支持生产和推广使用大口径、耐腐蚀、长寿命、低渗漏、免维护的高分子材料或复合材料管材、管件，支撑地下管廊建设。

3. 推广环境友好型涂料、防水和密封材料。支持发展低挥发性有机化合物（VOCs）的水性建筑涂料、建筑胶粘剂，推广应用耐腐蚀、耐老化、使用寿命长、施工方便快捷的高分子防水材料、密封材料和热反射膜。

1.1.10　绿色建材下乡行动

1. 支持绿色农房建设。结合新农村建设、绿色农房建设需要，落实《关于开展绿色农房建设的通知》，引导各地因地制宜生产和使用绿色建材，编制绿色农房用绿色建材产品目录，重点推广应用节能门窗、轻型保温砌块、预制部品部件等绿色建材产品，提高绿色农房防灾减灾能力。

2. 支持现代设施农业发展。围绕现代设施农业，积极发展和推广安全性好、性价比高、使用便利的玻璃、岩棉等产品。

1.1.11 试点示范引领行动

1. 工程应用示范。制定绿色建材应用试点示范申报、评审和验收等办法。结合绿色建筑、保障房建设、绿色生态城区、既有建筑节能改造、绿色农房、建筑产业现代化等工作，明确绿色建材应用的相关要求。选择典型城市和工程项目，开展钢结构、木结构、装配式混凝土结构等建筑应用绿色建材试点示范。

2. 产业园区示范。在绿色建材发展基础好的地区，依托优势企业，整合要素资源，完善研发设计、检测验证、现代物流、电子商务等公共服务体系，支持建设以绿色建材为特色的产业园区。

3. 协同处置示范。按照《关于促进生产过程协同资源化处理城市和产业废弃物工作的意见》，持续开展好水泥窑协同处置城市生活垃圾等废弃物的试点示范。开展固体废弃物再生建材综合利用示范，建立再生建材工程应用长期监测机制，积累再生建材应用安全性技术资料。

1.1.12 强化组织实施行动

1. 加强组织领导。建立由工业和信息化部、住房和城乡建设部牵头，相关部门参加的绿色建材生产和应用协调机制。加强绿色建材生产应用与绿色建筑发展、绿色城市建设的内在联系，统筹绿色建材生产、使用、标准、评价等环节，加强政策衔接，强化部门联动，组织实施相关行动，督促落实重点任务，协调完善推进措施。

2. 研究制定配套政策。利用现有渠道，引导社会资本，加大对共性关键技术研发投入，支持企业开展绿色建材生产和应用技术改造。研究制定财税、价格等相关政策，激励水泥窑协同处置、节能玻璃门窗、节水洁具、陶瓷薄砖、新型墙材等绿色建材生产和消费。支持有条件的地区设立绿色建材发展专项资金，对绿色建材生产和应用企业给予贷款贴息。将绿色建材评价标识信息纳入政府采购、招标投标、融资授信等环节的采信系统。研究制定建材下乡专项财政补贴和钢结构部品生产企业增值税优惠政策。

3. 完善标准规范。进一步修改完善行业规范和准入标准，公告符合规范条件的企业和生产线名单。强化环保、能耗、质量和安全标准约束，构建强制性标准和自愿采用性标准相结合的标准体系。加强建筑工程设计规范与绿色建材产品标准的联动。取消复合硅酸盐水泥 32.5 等级标准，大力推进特种和专用水泥应用。

4. 搭建创新平台。依托大型企业集团、科研院所、大专院校等单位，构建完善产学研用相结合的产业发展创新体系。创建一批以绿色建材为特色的技术中心、工程中心或重点实验室，完善产业发展所需公共研发、技术转化、检验认证等平台。加强建材生产与建筑设计、工程建造等上下游企业互动，组建绿色建材产业发展联盟。依托尾矿、建筑废弃物等资源建设新型墙体材料、机制砂石生产基地。

5. 开展宣传教育和检查。加大培训力度，开展绿色建材生产和应用的培训。开展形式多样的绿色建材宣传活动，强化公众绿色生产和消费理念，提高对绿色建材政策的理解与参与，使绿色建材的生产与应用成为全行业和社会各界的自觉行动。开展绿色建材行动检查，对不执行绿色建材生产和使用有关规定的，要加强舆论监督和通报批评。

各地要结合本地建材工业和建筑业发展实际，尽快制定本地区绿色建材发展实施方案，明确主体责任，扎实推进本地区绿色建材生产和应用各项工作。

第 2 节 《绿色建材评价标识管理办法实施细则》《绿色建材评价技术导则（试行）》

1.2.1 绿色建材评价标识管理办法实施细则

1. 总则

（1）为落实《绿色建筑行动方案》和《促进绿色建材生产和应用行动方案》、推动绿色建筑发展和建材工业转型升级、推进新型城镇化，依据《中华人民共和国节约能源法》《民用建筑节能条例》有关要求和《绿色建材评价标识管理办法》，制定本细则。

（2）本细则规定绿色建材评价标识工作（以下简称"评价工作"）的组织管理，专家委员会、评价机构的申请与发布，标识申请、评价及使用、监督管理。

（3）绿色建材评价应紧密围绕绿色建筑和建材工业发展需求，促进节地与室内外环境保护、节能与能源利用、节水与水资源利用、节材与资源综合利用等方面的材料与产品以及通用绿色建材的生产与应用。

（4）评价工作遵循企业自愿和公益性原则，政府倡导，市场化运作。评价技术要求和程序全国统一，标识全国通用，在全国绿色建材评价标识管理信息平台（以下简称"信息平台"）发布。

（5）绿色建材评价机构、评价专家及有关工作人员对评价结果负责。

建材生产企业应对获得标识产品的质量及该产品的全部公开信息负责。

2. 组织管理

（1）住房和城乡建设部、工业和信息化部绿色建材推广和应用协调组明确绿色建材评价标识日常管理机构，由该机构承担绿色建材评价标识日常实施管理和服务工作，以及住房和城乡建设部、工业和信息化部（以下简称"两部门"）委托的相关事项。

（2）各省、自治区、直辖市住房城乡建设、工业和信息化主管部门（以下简称"省级部门"，两部门和省级部门统称为"主管部门"），负责本地区绿色建材评价标识工作。

（3）主要职责是：

1）明确承担省级绿色建材评价标识日常管理工作的机构；

2）对一星级、二星级评价机构进行备案并将备案情况及时报两部门；

3）本地区绿色建材评价标识应用的协调和监管；

4）在信息平台发布本地区绿色建材评价标识等工作。

3. 专家委员会

（1）全国绿色建材评价标识专家委员会（以下简称"专家委员会"）由两部门负责组建。专家委员会主要职责是：

1）提供技术咨询和支持；

2）评审绿色建材评价技术要求；

3）其他相关工作。

（2）专家委员会由建筑、建材等领域专家组成，设主任委员 1 名、副主任委员 2~3 名。委员任期为 3 年，可连续聘任。委员应具备以下条件：

1）高级技术职称且长期从事本专业工作，具有丰富的理论知识和实践经验，在专业领域有一定的学术影响；

2）熟悉建筑或建材产业发展现状和国内外趋势，了解相关政策、法规、标准和规范；

3）出版过相关专著、发表过相关科技论文、主持过相关国家或行业标准编制或主持过国家相关科技项目；

4）良好的科学道德、认真严谨的学风和工作精神，秉公办事，并勇于承担责任；

5）身体健康，年龄一般不超过68岁。

（3）专家委员会委员按以下程序聘任：

1）单位或个人推荐，填写《全国绿色建材评价标识专家委员会专家登记表》，并提供相应的证明材料，经所在单位同意，报两部门审核；

2）通过审核的，颁发《全国绿色建材评价标识专家证书》。

（4）省级部门可参照本章成立省级专家委员会。

4. 评价机构

（1）评价机构应具备以下条件：

1）评价工作所需要的土木工程、材料与制品、市政与环境、节能与能源利用、机电与智能化、资源利用和可持续发展等专业人员，一星级、二星级评价机构不少于10人，三星级评价机构不少于30人，其中，中级及以上专业技术职称人员比例不得低于60%，高级专业技术职称人员比例不得低于30%；

2）独立法人资格在行业内具有权威性、影响力；

3）评价机构人员应遵守国家法律法规，熟悉相关政策和标准规范，以及绿色建材评价技术要求；

4）组织或参与过国家、行业或地方相关标准编制工作，或从事过相关建材产品的检测、检验或认证工作；

5）开展评价工作相适应的办公条件；

6）所需的其他条件。

（2）对评价机构实施备案和动态信用清单管理。拟从事绿色建材评价标识工作的机构应提交《绿色建材评价机构备案表》。

备案表应随附相关材料复印件，如法人资格证书、营业执照和其他证明材料等。

（3）从事三星级绿色建材评价标识工作的机构，经所在地省级部门向两部门备案。中央企事业单位、全国性行业学（协）会可直接向两部门提交备案表，同时抄报所在地省级部门。从事各地一、二星级绿色建材评价标识工作的机构，向当地省级部门备案。

三星级评价机构如开展一、二星级标识评价的，向相应的省级部门备案。

从事三星级评价标识工作的机构应不少于两家，每省（自治区、直辖市）从事一、二星级评价标识工作的机构应不少于两家。

评价机构相关信息及时在信息平台发布。

（4）评价机构与申请评价标识的企业不得有任何经济利益关系。从事相关建材产品设计、生产和销售的企事业单位原则上不得作为绿色建材评价机构。

5. 标识申请、评价及使用

（1）标识申请由建材生产企业向相应的评价机构提出。生产企业可依据评价技术要求向相应等级的评价机构，申请相应的星级评价和标识。

同一生产企业的同一种产品不得同时向多个评价机构提出相同星级的申请。

（2）标识申请企业应填写《绿色建材评价标识申报书》，按照评价技术要求提供相应技术数据和证明材料，并对其真实性和准确性负责。

（3）评价机构收到企业申请后，须在5个工作日内完成形式审查。通过形式审查的，评价机构向申请企业发放受理通知书。双方应以自愿为原则，协议双方的权利和义务等。

未通过形式审查的，应一次性告知申请企业应补充的材料。

（4）评价工作应在30个工作日内完成（不含抽样复测时间）。

（5）评价通过的，予以公示，公示期为10个工作日。公示无异议后，评价机构向两部门申请证书编号，颁发标识；公示有异议的，由相应主管部门组织复核。

（6）评价未通过的，如企业对评价结果有异议，应在10个工作日内向受理的评价机构提出申诉，评价机构应在10个工作日内给出答复意见；企业对评价机构的答复意见仍有异议的，可向相应的主管部门提出申诉。

（7）评价机构按照本办法规定和评价技术要求对企业申请的产品进行评价，出具评价报告，明确评价结论和等级等。

（8）获得绿色建材评价标识的企业，应以适当、醒目的方式在产品或包装上明示绿色建材标识。

（9）获得标识的企业应建立标识使用管理制度，规范标识使用，保证出厂产品各项性能指标与标识的一致性。对标识的使用情况应如实记录和存档。

（10）标识有效期为3年，有效期内企业应于每年12月底前向评价机构提交标识使用情况报告。有效期满6个月前可向评价机构申请延期使用复评。延期复评程序与初次申请程序一致。

（11）获得标识的企业如发生企业重大经营活动变化的，应及时向评价机构报备。出现下列重大变化之一的，应重新提出评价申请：

1）企业生产装备、工艺等发生重大变化且严重影响产品性能的；

2）企业生产地点发生转移的；

3）产品标准发生更新且影响产品检测结论的。

6. 监督管理

（1）评价机构每年3月底前向相应的主管部门提交上年度工作报告。报告内容应包括评价工作概况、当年发放标识的统计、评价工作情况分析、机构和人员情况、存在的困难、问题及建议、其他应说明的情况。

（2）主管部门应对相应的评价机构和获得标识的企业进行定期或不定期抽查和检查。

（3）评价机构有下列情况之一的，计入诚信记录并以适当方式公布：

1）备案过程中提供虚假资料、信息的；

2）未经当地主管部门备案在当地从事绿色建材评价标识工作的；

3）评审过程中提供虚假资料、信息，造成评价结果严重失实的；

4）出具虚假评价报告的；

5) 不能保证评价工作质量的；
6) 其他违背诚实信用原则的情况。

(4) 获得标识的企业出现下列重大问题之一的，评价机构应撤销或者由主管部门责令评价机构撤销已授予的标识，并通过信息平台向社会公布：
1) 出现影响环境的恶性事件和重大质量问题的；
2) 标识产品抽查不合格的；
3) 超范围使用标识的；
4) 以欺骗等不正当手段获得标识的；
5) 利用获得的标识进行虚假或夸大宣传的；
6) 其他依法应当撤销的情形。

(5) 被撤销标识的企业，自撤销之日起 2 年内不得再次申请标识；再次被撤销标识的企业，评价机构不得再受理其评价申请。撤销标识的有关信息在信息平台上予以公示。

(6) 主管部门和管理机构工作人员在工作中徇私舞弊、滥用职权、玩忽职守或者干扰评价工作导致评价不公正的，依照有关规定给予纪律处分；构成犯罪的，依法移送司法机关追究刑事责任。

(7) 任何单位或个人对评价过程或评价结果有异议的，可向主管部门提出申诉和举报。

7. 附则

(1) 专家登记表及证书、评价机构备案表、标识申报书、标识式样与格式等另行发布。
(2) 省级部门可依据《绿色建材评价标识管理办法》和本细则制定本地区实施细则。
(3) 本细则自印发之日起实施。

1.2.2 绿色建材评价技术导则

1. 总则

(1) 为科学引导和规范管理我国绿色建材评价标识工作，加快绿色建材推广应用、促进绿色建筑发展，制定本导则。

(2) 本导则第一版制定了砌体材料、保温材料、预拌混凝土、建筑节能玻璃、陶瓷砖、卫生陶瓷、预拌砂浆七类建材产品的评价技术要求，适用于上述七类产品的绿色建材评价。今后将逐步扩展其他种类建材产品的评价技术要求，不断修订和完善。

(3) 绿色建材评价在符合本导则的要求和各地域特征的同时，还应符合国家相关法律、法规和标准的规定。

2. 定义

(1) 绿色建筑 green building

是指在全寿命期内，最大限度地节约资源（节能、节地、节水、节材）、保护环境、减少污染，为人们提供健康、适用和高效的使用空间，与自然和谐共生的建筑。

(2) 绿色建材 green building material

是指在全生命周期内可减少对天然资源消耗和减轻对生态环境影响，具有"节能、减排、安全、便利和可循环"特征的建材产品。

(3) 保温材料 heat insulating material

用于提高建筑围护结构保温性能的建筑材料和产品，包括有机保温、无机保温建筑材料。

（4）砌体材料 masonry material

由烧结或非烧结生产工艺制成的实（空）心或多孔直角六面体块状建筑材料和产品，包括除复合砌块外的所有砌体材料。

（5）预拌混凝土 premixed concrete

由水泥、骨料、水以及根据需要掺入的外加剂、矿物掺合料等组分按一定比例，在搅拌站（楼）生产的、通过运输设备送至使用地点的、交货时为拌合物的混凝土建筑材料，包括常规品和特质品。

（6）建筑节能玻璃 building energy-saving glass

由普通平板玻璃经过深加工后，用于建筑透明围护结构用的玻璃制品，包括吸热玻璃、热反射玻璃、低辐射玻璃、中空玻璃、真空玻璃等。

（7）陶瓷砖 ceramic tile

由黏土和其他无机非金属材料经成形、高温烧成等生产工艺制成的实心或空心板状建筑用陶瓷制品，包含建筑陶瓷砖、陶瓷板、陶板、瓷板等。

（8）卫生陶瓷 sanitary pottery

由黏土或其他无机物质经混炼、成形、高温烧制而成的用作卫生设施的陶瓷制品，包括便器、水箱、洗面器等。

（9）预拌砂浆 premixed mortar

由水泥、砂、水、粉煤灰及其他矿物掺合料和根据需要添加的保水增稠材料、外加剂组分按一定比例，在集中搅拌站（楼）计量、拌制后，用搅拌运输车运至使用地点，放入专用容器储存，并在规定时间内使用完毕的砂浆拌合物，包括普通砂浆、特种砂浆、石膏砂浆等。

3. 术语

（1）废水 waste water

预拌混凝土生产过程中，清洗生产设备和运输设备时产生的含有水泥、粉煤灰、矿粉、外加剂、砂等组分的可以回收利用的悬浊液。

（2）污水 effluent

预拌混凝土企业在生产与生活活动中排放的不能回收利用的水的总称。

（3）报废混凝土 scrapped concrete

预拌混凝土生产、运输、检验过程中收集下来，已经无法直接调制后降低设计等级使用的剩余混凝土拌合物和硬化体。

（4）光热比 light to solar gain ratio

玻璃的可见光透射比与太阳能总透射比的比值。

（5）一般显色指数 general color rendering index

光源对国际照明委员会（CIE）规定的第1～8种标准颜色样品显色指数的平均值。

（6）低质原料 low quality raw material

铁、钛和锰等着色元素含量较高，以及各种工业尾矿、废渣、废料等用作陶瓷生产的原料。

（7）灰料 ash material

指在预拌砂浆各工段，通过收尘、清扫所收集的材料。

(8) 环境产品声明（EPD）environmental product declaration

提供基于预设参数的量化环境数据的环境声明，必要时包括附加环境信息。

(9) 单位产品能耗 energy consumption per unit product

在统计期内生产每单位产品消耗的能源，折算成标准煤。

(10) 单位产品碳排放 carbon emission per unit product

在统计期内生产每单位产品排放的温室气体量，折算成二氧化碳。

(11) 碳足迹 carbon footprint

用以量化过程、过程系统或产品系统温室气体排放的参数，以表现它们对气候变化的贡献。

4. 基本规定

(1) 评价指标体系分为控制项、评分项和加分项。参评产品及其企业必须全部满足控制项要求。评分项总分为 100 分，加分项总分为 5 分，总得分按照式(1-1) 和式(1-2) 计算。

$$Q_{总}=Q_{评}+Q_{加} \quad (1-1)$$

$$Q_{评}=\sum w_i Q_i \quad (1-2)$$

式中，$Q_{总}$——总分；

$Q_{评}$——评分项得分；

$Q_{加}$——加分项得分；

w_i——评分项各指标权重；

Q_i——评分项各指标得分。

(2) 控制项主要包括大气污染物、污水、噪声排放以及工作场所环境、安全生产和管理体系等方面的要求。评分项是从节能、减排、安全、便利和可循环五个方面对建材产品全生命周期评价。加分项是重点考虑建材生产工艺和设备的先进性、环境影响水平、技术创新和性能等。

(3) 评分项指标节能是指单位产品能耗、原材料运输能耗、管理体系等要求；减排是指生产厂区污染物排放、产品认证或环境产品声明（EPD）、碳足迹等要求；安全是指影响安全生产标准化和产品性能的指标；便利是指施工性能、应用区域适用性和经济性等要求；可循环是指生产、使用过程中废弃物回收和再利用的性能指标。

(4) 控制项的评定结果为满足或不满足；评分项和加分项的评定结果为获得分值或不得分。

(5) 绿色建材等级由评价总得分确定，从低到高分为"★""★★"和"★★★"三个等级。等级划分见表 1-1。

绿色建材等级划分　　　　　　　　　　　　　　　表 1-1

等级	★	★★	★★★
分值($Q_{总}$)区间	$60 \leqslant Q_{总} < 70$	$70 \leqslant Q_{总} < 85$	$Q_{总} \geqslant 85$

5. 砌体材料（略）

6. 保温材料（略）

7. 预拌混凝土（略）

8. 建筑节能玻璃

(1) 控制项

1) 生产企业应符合表 1-2 的要求;

生产基本要求　　　　　　　　　　　　　　　　　　　　　　表 1-2

项目		要　求
大气污染物排放	平板玻璃	《平板玻璃工业大气污染物排放标准》GB 26453—2011
	其他	《大气污染物综合排放标准》GB 16297—1996,三级; 或满足地方排放标准的最低要求
污水排放		《污水综合排放标准》GB 8978—1996
噪声排放		《工业企业厂界环境噪声排放标准》GB 12348—2008
工作场所环境		《工作场所有害因素职业接触限值　第1部分:化学有害因素》GBZ 2.1—2019 《工作场所有害因素职业接触限值　第2部分:物理因素》GBZ 2.2—2007
安全生产		《企业安全生产标准化基本规范》GB/T 33000—2016,三级
管理体系		完备的质量、环境和职业健康安全管理体系

注：大气污染物、污水、噪声排放应符合环境影响评价批复的要求。

2) 生产企业应具有详细、合理的应用技术文件；

3) 基本性能应满足现行国家、行业标准要求。

(2) 评分项（略）。

9. 陶瓷砖（略）

10. 卫生洁具（略）

11. 预拌砂浆

(1) 控制项

1) 预拌砂浆生产企业应符合表 1-3 的要求；

生产基本要求　　　　　　　　　　　　　　　　　　　　　　表 1-3

项目	要　求
大气污染物排放	《大气污染物综合排放标准》GB 16297—1996,三级; 或满足地方排放标准的最低要求
污水排放	《污水综合排放标准》GB 8978—1996,二级
噪声排放	《工业企业厂界环境噪声排放标准》GB 12348—2008
工作场所环境	《工作场所有害因素职业接触限值　第1部分:化学有害因素》GBZ 2.1—2019 《工作场所有害因素职业接触限值　第2部分:物理因素》GBZ 2.2—2007
安全生产	不得使用含有亚硝酸盐、氯盐、邻苯二甲酸酯类成分的原材料 《企业安全生产标准化基本规范》GB/T 33000—2016,三级
管理体系	完备的质量、环境和职业健康安全管理体系

2) 设备设施选配等全过程管理应满足当地预拌砂浆绿色（清洁化）生产管理的相关规定；

3) 生产企业应具备详细、可行的应用技术文件；

4) 普通砂浆、干混陶瓷砖粘结砂浆的性能应满足现行国家标准《预拌砂浆》GB/T 25181—2019 的要求；EPS 外墙外保温系统用粘结砂浆、EPS 外墙外保温系统用抹面砂浆的性能应满足现行国家标准《模塑聚苯板薄抹灰外墙外保温系统材料》GB/T 29906—2013 的要求；其他预拌砂浆的性能应符合国家现行有关标准的规定。

（2）评分项

1) 评分项各指标权重见表1-4；

评分项各指标权重　　　　　　　　　　　　表1-4

指标	权重	具体条文	权重
节能	0.15	降低原材料运输能耗	0.05
		单位产品能耗水平持续改进	0.07
		能源管理体系认证	0.03
减排	0.25	大气污染物（不含颗粒物）排放	0.05
		颗粒物排放	0.10
		普通砂浆散装率和特种砂浆袋装率	0.05
		产品认证或评价、环境产品声明（EPD）报告、碳足迹报告	0.05
安全	0.40	强度	0.12
		强度离散系数	0.12
		耐久性能	0.12
		安全生产标准化水平	0.02
		测量管理体系认证	0.02
便利	0.10	施工性能	0.05
		适用性与经济性	0.05
可循环	0.10	固体废弃物综合利用率	0.05
		灰料利用	0.05

2) 节能（略）；

3) 减排（略）；

4) 安全（略）；

5) 便利（略）；

6) 可循环（略）。

12. 其他

其他建材产品在符合绿色建材定义和基本要求的前提下，可参照本导则的评价方法和技术指标进行评价。

满足本导则评分项要求的进行评分，不满足的不得分。

13. 加分项

（1）建筑材料生产过程中采用了先进的生产工艺或生产设备，且环境影响明显低于行业平均水平。总分2分，由专家评分。

（2）建筑材料具有突出的创新性且性能明显优于行业平均水平。总分3分，由专家评分。

第 3 节 《财政部 住房和城乡建设部关于政府采购支持绿色建材促进建筑品质提升试点工作的通知》

财库〔2020〕31 号

为发挥政府采购政策功能，加快推广绿色建筑和绿色建材应用，促进建筑品质提升和新型建筑工业化发展，根据《中华人民共和国政府采购法》和《中华人民共和国政府采购法实施条例》，现就政府采购支持绿色建材促进建筑品质提升试点工作通知如下：

1.3.1 总体要求

1. 指导思想

以习近平新时代中国特色社会主义思想为指导，牢固树立新发展理念，发挥政府采购的示范引领作用，在政府采购工程中积极推广绿色建筑和绿色建材应用，推进建筑业供给侧结构性改革，促进绿色生产和绿色消费，推动经济社会绿色发展。

2. 基本原则

坚持先行先试。选择一批绿色发展基础较好的城市，在政府采购工程中探索支持绿色建筑和绿色建材推广应用的有效模式，形成可复制、可推广的经验。

强化主体责任。压实采购人落实政策的主体责任，通过加强采购需求管理等措施，切实提高绿色建筑和绿色建材在政府采购工程中的比重。

加强统筹协调。加强部门间的沟通协调，明确相关部门职责，强化对政府工程采购、实施和履约验收中的监督管理，引导采购人、工程承包单位、建材企业、相关行业协会及第三方机构积极参与试点工作，形成推进试点的合力。

3. 工作目标

在政府采购工程中推广可循环可利用建材、高强度高耐久建材、绿色部品部件、绿色装饰装修材料、节水节能建材等绿色建材产品，积极应用装配式、智能化等新型建筑工业化建造方式，鼓励建成二星级及以上绿色建筑。到 2022 年，基本形成绿色建筑和绿色建材政府采购需求标准，政策措施体系和工作机制逐步完善，政府采购工程建筑品质得到提升，绿色消费和绿色发展的理念进一步增强。

1.3.2 试点对象和时间

1. 试点城市

试点城市为南京市、杭州市、绍兴市、湖州市、青岛市、佛山市。鼓励其他地区按照本通知要求，积极推广绿色建筑和绿色建材应用。

2. 试点项目

医院、学校、办公楼、综合体、展览馆、会展中心、体育馆、保障性住房等新建政府采购工程。鼓励试点地区将使用财政性资金实施的其他新建工程项目纳入试点范围。

3. 试点期限

试点时间为 2 年，相关工程项目原则上应于 2022 年 12 月底前竣工。对于较大规模的工程项目，可适当延长试点时间。

1.3.3 试点内容

1. 形成绿色建筑和绿色建材政府采购需求标准

财政部、住房和城乡建设部会同相关部门根据建材产品在政府采购工程中的应用情况、市场供给情况和相关产业升级发展方向等，结合有关国家标准、行业标准等绿色建材产品标准，制定发布《绿色建筑和绿色建材政府采购基本要求》（试行，以下简称《基本要求》）。财政部、住房和城乡建设部将根据试点推进情况，动态更新《基本要求》，并在中华人民共和国财政部网站（www.mof.gov.cn）、住房和城乡建设部网站（www.mohurd.gov.cn）和中国政府采购网（www.ccgp.gov.cn）发布。试点地区可根据地方实际情况，对《基本要求》中的相关设计要求、建材种类和具体指标进行微调。试点地区要通过试点，在《基本要求》的基础上，细化和完善绿色建筑政府采购相关设计规范、施工规范和产品标准，形成客观、量化、可验证，适应本地区实际和不同建筑类型的绿色建筑和绿色建材政府采购需求标准，报财政部、住房和城乡建设部。

2. 加强工程设计管理

采购人应当要求设计单位根据《基本要求》编制设计文件，严格审查或者委托第三方机构审查设计文件中执行《基本要求》的情况。试点地区住房和城乡建设部门要加强政府采购工程中落实《基本要求》情况的事中事后监管。同时，要积极推动工程造价改革，完善工程概预算编制办法，充分发挥市场定价作用，将政府采购绿色建筑和绿色建材增量成本纳入工程造价。

3. 落实绿色建材采购要求

采购人要在编制采购文件和拟定合同文本时将满足《基本要求》的有关规定作为实质性条件，直接采购或要求承包单位使用符合规定的绿色建材产品。绿色建材供应商在供货时应当提供包含相关指标的第三方检测或认证机构出具的检测报告、认证证书等证明性文件。对于尚未纳入《基本要求》的建材产品，鼓励采购人采购获得绿色建材评价标识、认证或者获得环境标志产品认证的绿色建材产品。

4. 探索开展绿色建材批量集中采购

试点地区财政部门可以选择部分通用类绿色建材探索实施批量集中采购。由政府集中采购机构或部门集中采购机构定期归集采购人绿色建材采购计划，开展集中带量采购。鼓励通过电子化政府采购平台采购绿色建材，强化采购全流程监管。

5. 严格工程施工和验收管理

试点地区要积极探索创新施工现场监管模式，督促施工单位使用符合要求的绿色建材产品，严格按照《基本要求》的规定和工程建设相关标准施工。工程竣工后，采购人要按照合同约定开展履约验收。

6. 加强对绿色采购政策执行的监督检查

试点地区财政部门要会同住房和城乡建设部门通过大数据、区块链等技术手段密切跟踪试点情况，加强有关政策执行情况的监督检查。对于采购人、采购代理机构和供应商在采购活动中的违法违规行为，依照政府采购法律制度有关规定处理。

1.3.4 保障措施

1. 加强组织领导

试点地区要高度重视政府采购支持绿色建筑和绿色建材推广试点工作，大胆创新，研究建立有利于推进试点的制度机制。试点地区财政部门、住房和城乡建设部门要共同牵头做好试点工作，及时制定出台本地区试点实施方案，报财政部、住房和城乡建设部备案。试点实施方案印发后，有关部门要按照职责分工加强协调配合，确保试点工作顺利推进。

2. 做好试点跟踪和评估

试点地区财政部门、住房和城乡建设部门要加强对试点工作的动态跟踪和工作督导，及时协调解决试点中的难点堵点，对试点过程中遇到的关于《基本要求》具体内容、操作执行等方面问题和相关意见建议，要及时向财政部、住房和城乡建设部报告。财政部、住房和城乡建设部将定期组织试点情况评估，试点结束后系统总结各地试点经验和成效，形成政府采购支持绿色建筑和绿色建材推广的全国实施方案。

3. 加强宣传引导

加强政府采购支持绿色建筑和绿色建材推广政策解读和舆论引导，统一各方思想认识，及时回应社会关切，稳定市场主体预期。通过新闻媒体宣传推广各地的好经验好做法，充分发挥试点示范效应。

第 2 章　新标准

第 1 节　《混凝土和砂浆用再生微粉》JG/T 573—2020

2.1.1　范围

本标准规定了再生微粉的术语和定义、分类和标记、要求、试验方法、检验规则、包装和标志、贮存和运输。

本标准适用于制备混凝土、砂浆及其制品时作为掺合料使用的再生微粉。

2.1.2　规范性引用文件（略）

2.1.3　术语和定义

再生微粉 recycled fine powder

采用以混凝土、砖瓦等为主要成分的建筑垃圾制备再生骨料过程中伴随产生的粒径小于 75μm 的颗粒。

2.1.4　分类与标记

1. 分类

再生微粉分为Ⅰ级和Ⅱ级。

2. 标记

再生微粉的标记由再生微粉产品代号、分类代号和标准编号三部分组成。表示如下：

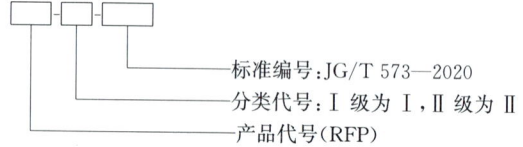

标准编号：JG/T 573—2020
分类代号：Ⅰ级为Ⅰ，Ⅱ级为Ⅱ
产品代号（RFP）

示例：Ⅱ级再生微粉标记为：RFP-Ⅱ-JG/T 573—2020。

2.1.5　要求

1. 再生微粉的技术指标应符合表 2-1 的规定。

技术指标　　　　表 2-1

项目	Ⅰ级	Ⅱ级
细度（45μm 方孔筛筛余）(%)	≤30.0	≤45.0
需水量比(%)	≤105	≤115
活性指数(%)	≥70	≥60
流动度 2h 经时变化量(mm)	≤40	≤60
亚甲蓝 MB 值	<1.4	

续表

项目	Ⅰ级	Ⅱ级
安定性(沸煮法)	合格	
含水量(%)	≤1.0	
氯离子含量(质量分数)(%)	≤0.06	
三氧化硫含量(质量分数)(%)	≤3.0	

2. 再生微粉中的碱含量应按 $Na_2O+0.658K_2O$ 计算值表示。当再生微粉应用中有碱含量限制要求时，由供需双方协商确定。

3. 再生微粉放射性核素限量应符合 GB 6566[①] 的规定。

2.1.6 试验方法

1. 细度

按 GB/T 1345 中 $45\mu m$ 负压筛析法进行。

2. 需水量比、流动度 2h 经时变化量（略）

3. 活性指数（略）

4. 亚甲蓝 MB 值

按 GB/T 30190 的规定进行。

5. 安定性

按 GB/T 1346 的规定进行。

6. 含水量

按 GB/T 1596 的规定进行。

7. 氯离子含量、三氧化硫含量、碱含量

按 GB/T 176 的规定进行。

8. 放射性

按 GB 6566 的规定进行。

2.1.7 检验规则

1. 编号

再生微粉出厂前按同级别进行编号和取样。散装再生微粉和袋装再生微粉应分别进行编号和取样。不超过 50t 为一编号。

2. 取样

(1) 每一编号为一取样单位。

(2) 取样方法按 GB/T 12573 进行。取样应有代表性，应从 10 个以上不同部位取样。袋装再生微粉应从 10 个以上包装袋内等量抽取试样一份，每份不少于 1.0kg；散装再生微粉应从每个散装运输容器内等量抽取，每个散装运输容器应从不同深度等量抽取试样一份，每份不少于 10kg。样品混合均匀后，按四分法取出大于试验需要量一倍的试样。

[①] 本章内容为直接引用标准规范原文，故规范号前未加名称，下同。

（3）检验样品应留样封存，并保留至少 6 个月。当有争议时，对留样进行复检或仲裁检验。

3. 出厂检验

出厂检验项目包括表 2-1 中的细度、需水量比、活性指数、亚甲蓝 MB 值和安定性。

4. 型式检验

（1）型式检验项目包括表 2-1 中的全部项目。

（2）有下列情况之一者，应进行型式检验：

1）生产工艺发生变化；

2）正常生产时，每 6 个月检验一次；

3）停产 3 个月以上恢复生产时；

4）出厂检验结果和上次型式检验结果有级别差异时。

5. 判定规则

（1）出厂检验符合本标准出厂检验要求时，判为出厂检验合格。若其中任何一项不符合要求时，允许在同一批次中重新取样，对不合格项进行加倍试验复检。复检结果均合格时，判为出厂检验合格；当仍有一组试验结果不符合要求时，判为出厂检验不合格。

（2）型式检验符合本标准型式检验要求时，判为型式检验合格。若其中任何一项不符合要求时，允许在同一批次中重新取样，对不合格项进行加倍试验复检。复检结果均合格时，判为型式检验合格；当仍有一组试验结果不符合要求时，判为型式检验不合格。

2.1.8 包装和标志

1. 包装

再生微粉可散装或袋装。袋装每袋净质量为 50kg 或 25kg，且不应少于标识质量的 98%。再生微粉包装袋应符合 GB/T 9774 的规定。其他包装规格可由买卖双方协商确定。

2. 标志

再生微粉的包装袋上应清楚标明产品名称、级别、批号、执行标准编号、生产厂名称和地址、净质量、生产日期和出厂编号。

散装时应提交与袋装标识相同内容的卡片。

2.1.9 贮存和运输

再生微粉在贮存和运输时不应受潮、混入杂物，同时应防止污染环境。

第 2 节 《工程渣土免烧再生制品》JG/T 575—2020

2.2.1 范围

本标准规定了工程渣土免烧再生制品（简称免烧制品）的术语和定义、分类、规格和标记、材料、要求、试验方法、检验规则、标志、包装、运输和贮存。

本标准适用于建筑构筑物非承重墙体、基坑回填用的充填物、地面、人行及非机动车道路面用砖。

2.2.2 规范性引用文件（略）

2.2.3 术语和定义

1. 工程渣土 construction waste

各类建筑物、构筑物、交通市政、管网等工程地基开挖过程中产生的弃土。

2. 工程渣土免烧再生制品 non-sintered regenerated product of construction waste

以不少于85%的工程渣土，添加土壤固化剂及其他改性材料，经过压制成型、养护等非烧结工艺制得的产品。

3. 免烧渣土球 non-sintered ball of construction waste

用作基坑回填的球状工程渣土免烧再生制品。

4. 免烧渣土砌墙砖 non-sintered partition wall brick of construction waste

用于砌筑建筑构筑物非承重墙体的砖状工程渣土免烧再生制品。

注：简称免烧砌墙砖。

5. 免烧渣土路面砖 non-sintered paving brick of construction waste

用于铺设建筑地面、人行道和非机动车道路面的砖状工程渣土免烧再生制品。

注：简称免烧路面砖

6. 免烧渣土球伴随样 accompanying sample

取生产免烧渣土球产品过程中的原料，按相同生产工艺流程制备体积密度为 (1.5 ± 0.1) kg/cm^3、尺寸为 100mm×100mm×100mm 的立方体试样、用于评价该批渣土球的力学性能。

注：简称伴随样

2.2.4 分类、规格和标记

1. 分类

（1）按制品类型分为：

1）免烧渣土球，代号为 B；

2）免烧砌墙砖，代号为 W；

3）免烧路面砖，代号为 P。

（2）按抗压强度分为：

1）免烧渣土球抗压强度分为 Ty1.0、Ty1.5、Ty2.0、Ty3.0 四个等级；

2）免烧砌墙砖抗压强度分为 MU5、MU10、MU15、MU20 四个等级；

3）免烧路面砖抗压强度分为 MU5、MU10、MU15、MU20 四个等级。

（3）按抗折强度分为：

免烧路面砖按抗折强度分为 $C_f0.5$、$C_f1.0$、$C_f1.5$、$C_f2.0$ 四个等级。

2. 规格

（1）免烧渣土球的粒径尺寸为 (53 ± 2)mm。

（2）免烧砌墙砖的常用规格为 240mm×115mm×53mm；免烧路面砖的公称厚度规格分为 80mm、90mm、100mm、120mm、150mm。

3. 标记

（1）标记方法

免烧制品按以下方法标记：

1）免烧渣土球按制品类型、抗压强度等级、标准编号的顺序进行标记；

2）免烧砌墙砖按制品类型、抗压强度等级、规格、标准编号的顺序进行标记；

3) 免烧路面砖按制品类型、抗压强度等级、抗折强度等级、规格、标准编号的顺序进行标记。

(2) 标记示例

示例1：强度等级为Ty3.0、规格为53mm的免烧渣土球，其标记为：B-Ty3.0-53 JG/T 575—2020。

示例2：抗压强度等级为MU5、规格为240mm×115mm×53mm的免烧砌墙砖，其标记为：W-MU5-240×115×53 JG/T 575—2020。

示例3：抗压强度等级为MU5、抗折强度等级为$C_f0.5$、厚度规格为150mm的免烧路面砖，其标记为：P-MU5-C_f0.5-150 JG/T 575—2020。

2.2.5 材料

1. 水泥

应符合GB 175的规定。

2. 水

应符合JGJ 63的规定。

3. 工程渣土

工程渣土颗粒粒径不宜大于5mm，有机质含量不应大于8%，重金属含量应符合GB 36600的规定，放射性核素不应高于GB 6566的规定。

4. 土壤固化剂

应符合CJ/T 486中粉体土壤固化外加剂的规定。

2.2.6 要求

1. 免烧渣土球

免烧渣土球的力学及物理性能应符合表2-2的规定。

免烧渣土球的力学及物理性能　　　　　　　表2-2

项目			要求
抗压强度(MPa)	Ty1.0	平均值	≥1.0
		最小值	≥0.5
	Ty1.5	平均值	≥1.5
		最小值	≥1.0
	Ty2.0	平均值	≥2.0
		最小值	≥1.5
	Ty3.0	平均值	≥3.0
		最小值	≥2.5
软化系数			≥0.75
体积密度(kg/m³)			≥1500
吸水率(%)			≤15

2. 免烧砌墙砖、免烧路面砖

免烧砌墙砖及免烧路面砖的表面质量、尺寸偏差、力学及物理性能应符合表2-3的规定。

免烧砌墙砖及免烧路面砖表面质量、尺寸偏差、力学及物理性能　　表2-3

项目			要求	
			免烧砌墙砖	免烧路面砖
表面质量	外观		表面整洁	
	缺棱掉角的最大投影尺寸(mm)		≤15.0	
	弯曲(mm)		≤2.0	
	杂质凸出高度(mm)		≤2.0	
	裂纹长度	非贯穿裂纹最大投影尺寸(mm)	≤30.0	
		贯穿裂纹	不准许	
	色差、杂色		不明显	
	平整度(mm)		≤2.0	
尺寸偏差(mm)	长度、宽度		±2.0	
	高度		±2.0	
	垂直度		≤2.0	
抗压强度(MPa)	MU5	平均值	≥5.0	
		最小值	≥3.0	
	MU10	平均值	≥10.0	
		最小值	≥6.0	
	MU15	平均值	≥15.0	
		最小值	≥10.0	
	MU20	平均值	≥20.0	
		最小值	≥14.0	
抗折强度(MPa)	$C_f 0.5$	平均值	≥0.5	
		最小值	≥0.3	
	$C_f 1.0$	平均值	≥1.0	
		最小值	≥0.7	
	$C_f 1.5$	平均值	≥1.5	
		最小值	≥1.2	
	$C_f 2.0$	平均值	≥2.0	
		最小值	≥1.6	
软化系数			≥0.8	
干燥收缩值(mm/m)			0.5	
抗冻性			抗压强度损失率≤30%，外观无明显变化	
体积密度(kg/m³)			≥1800.0	
吸水率(%)			≤15.0	
泛霜			符合 GB/T 2542—2012 中轻微泛霜的要求	
耐磨性(mm)			—	≤39.0
防滑性(BPN)				≥60.0

2.2.7 试验方法

1. 样品数量

试件的尺寸及数量按表 2-4 的规定。

免烧渣土球、免烧砌墙砖及免烧路面砖样品数量　单位为块　　表 2-4

试验项目		样品数量		
		免烧渣土球[a]	免烧砌墙砖	免烧路面砖
表面质量		—	50	50
尺寸及尺寸偏差		—	20	20
强度	抗压强度	10	10	10
	抗折强度	—	—	10
软化系数		10	10	10
干燥收缩值		—	3	3
抗冻性		—	10	10
体积密度		5	5	5
吸水率		5	5	5
泛霜		—	5	5
耐磨性		—	—	5
防滑性		—	—	5

[a] 免烧渣土球样品为伴随样。

2. 表面质量

按 GB/T 2542—2012 的规定进行。

3. 尺寸偏差

按 GB/T 2542—2012 的规定进行。

4. 抗压强度

按 GB/T 2542—2012 的规定进行。

5. 抗折强度

按 GB/T 2542—2012 的规定进行。

6. 软化系数

按 GB/T 2542—2012 的规定进行。

7. 干燥收缩值

按 GB/T 2542—2012 的规定进行。

8. 抗冻性

按 GB/T 2542—2012 的规定进行，冻融循环 25 次。

9. 体积密度

按 GB/T 2542—2012 的规定进行。

10. 吸水率

按 GB/T 2542—2012 的规定进行。

11. 泛霜

按 GB/T 2542—2012 的规定进行。

12. 耐磨性

按 GB/T 12988—2009 的规定进行。

13. 防滑性

按 GB/T 28635—2012 附件 G 的规定进行。

2.2.8 检验规则

1. 检验分类

产品的检验分为出厂检验和型式检验，出厂检验和型式检验项目见表 2-5。

出厂检验和型式检验项目　　　　　　　　　　　表 2-5

项目	出厂检验			型式检验		
	免烧渣土球	免烧砌墙砖	免烧路面砖	免烧渣土球	免烧砌墙砖	免烧路面砖
表面质量	—	✓	✓	—	✓	✓
尺寸偏差	—	✓	✓	—	✓	✓
抗压强度	✓	✓	✓	✓	✓	✓
抗折强度	—	—	✓	—	—	✓
软化系数	—	—	—	—	✓	✓
干燥收缩率	—	—	—	—	✓	—
抗冻性	—	—	—	—	✓	✓
体积密度	✓	✓	✓	✓	✓	✓
吸水率	✓	✓	✓	✓	✓	✓
泛霜	—	✓	✓	—	✓	✓
耐磨性	—	—	—	—	✓	✓
防滑性	—	—	—	—	✓	✓

注："✓"表示检验项目；"—"表示不检验项目。

2. 检验时机

每批产品均应进行出厂检验，当有下列情况之一时，应进行型式检验：

（1）新产品或老产品转厂生产的试制定型鉴定；

（2）正式生产后，产品用原材料（产地、配比）或生产工艺有较大改变，可能影响产品性能时；

（3）正常生产时，每一年进行一次；

（4）出厂检验结果与上次型式检验有较大差异时；

（5）产品长期停产后，恢复生产时。

3. 组批规则

（1）免烧渣土球按相同材料、相同工艺生产和相同强度等级的产品每 400m^3 为一批，不足 400m^3 也按一批计。

（2）免烧砌墙砖、免烧路面砖按相同材料、相同工艺生产和相同抗压强度等级、相同规格的产品每 5 万块为一批，不足 5 万块也按一批计。

4. 抽样

按表2-5的规定,从同一检验批中随机抽取满足检验要求数量的试样。其中表面质量、尺寸偏差等非损伤性项目检验后的样品可用于其他项目的检验。

5. 判定规则

(1) 单项判定

1) 外观质量

当不合格品数(代号 K_1)小于或等于3时,判定该批产品外观质量合格;当 K_1 大于或等于7时,判定该批产品外观质量不合格;当 K_1 大于或等于4,且小于或等于6时,按表2-4的规定进行第二次抽样。当第一次加第二次抽样的不合格品总数(代号 K_2)小于或等于8时,判定该批产品外观质量合格,否则判定该批产品外观质量不合格。

2) 尺寸偏差

当不合格品数 K_1 小于或等于2时,判定该批产品尺寸偏差合格;当 K_1 大于或等于5时,判定该批产品尺寸偏差不合格;当 K_1 为3或4时,按表2-4的规定进行第二次抽样。当第一次加第二次抽样的不合格品总数 K_2 小于或等于6时,判定该批产品尺寸偏差合格,否则判定该批产品尺寸偏差不合格。

3) 力学及物理性能

力学及物理性能试验的结果符合标准相应强度等级的要求时,判定该批产品这些项目合格。若有项目的试验结果不符合,可再从该批产品中抽取双倍样品对不符合项目进行一次复检,复检结果符合相应强度等级的要求时,判定该批产品该项目合格,否则,判定该批产品该项目不合格。

(2) 综合判定

所有项目均合格时,判定该批产品合格,否则,判定该批产品不合格。

2.2.9 标志、包装、运输和贮存

1. 标志

免烧砌墙砖和免烧路面砖上宜有商标、生产商或其他永久性标志;有包装时,包装上应有产品标志,标志应符合GB/T 191及GB/T 6388的规定,标志至少应包括下列信息:

(1) 厂名厂址;

(2) 产品标记;

(3) 批号或生产日期;

(4) 包装数量;

(5) 检验合格标志。

2. 包装

(1) 免烧渣土球可采用袋装;免烧砌墙砖和免烧路面砖宜采用具有吸振、缓冲功能的托架并捆扎包装,且应采取防止污染的措施。

(2) 包装应牢固,并满足在正常条件下安全装卸、运输的要求。

3. 运输

(1) 产品在运输和装卸时应防止磕碰撞击。

(2) 运输和装卸中应防雨、防污染。

4. 贮存

（1）渣土球应按强度等级分别堆放；免烧砌墙砖和免烧路面砖应侧立放置，按批次、规格、强度等级分别堆码，堆码高度不宜超过1.5m。

（2）产品宜贮存在干燥通风处。

第3节 《预应力混凝土用金属波纹管》JG/T 225—2020

2.3.1 范围

本标准规定了预应力混凝土用金属波纹管的分类与标记，要求，试验方法，检验规则，包装和标志，运输和贮存，使用等。

本标准适用于以镀锌或非镀锌低碳钢带螺旋折叠咬口制成，表面呈波纹状轮廓，用于后张法预应力混凝土结构或构件中预留孔道的金属管。

2.3.2 规范性引用文件（略）

2.3.3 分类和标记

1. 分类

产品可分为标准型和增强型；按截面形状可分为圆形和扁形。

2. 标记

产品标记应由代号、规格及类别组成。

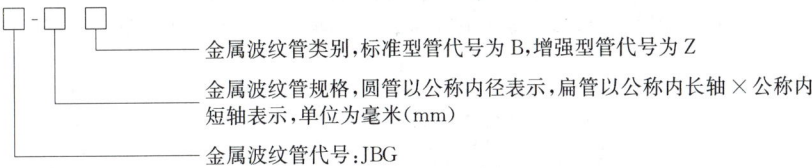

示例1：

公称内径为70mm的标准型圆管标记为：JBG-70B。

示例2：

公称内径为70mm的增强型圆管标记为：JBG-70Z。

示例3：

公称内长轴为67mm、公称内短轴为20mm的标准型扁管标记为：JBG-67×20B。

示例4：

公称内长轴为67mm、公称内短轴为20mm的增强型扁管标记为：JBG-67×20Z。

2.3.4 要求

1. 构造

（1）金属波纹圆管的构造如图2-1所示。

（2）金属波纹扁管的构造如图2-2所示。

（3）金属波纹管的波纹旋向宜为右旋。

（4）金属波纹管折叠咬口的重叠部分宽度 ΔL 不应小于钢带厚度 t 的8倍，且不应小于2.5mm。折叠咬口部分的剖面结构如图2-3所示。

（5）金属波纹管折叠咬口部分之间的凸起波纹顶部和根部均应为圆弧过渡，不应有折角。

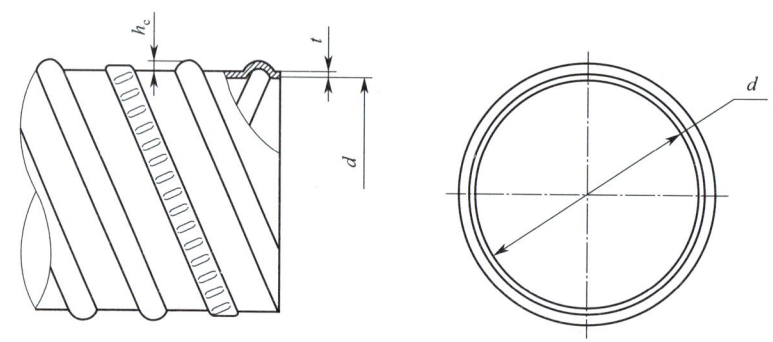

图 2-1　金属波纹圆管构造示意

说明：d—圆管内径；t—钢带厚度；h_c—波纹高度。

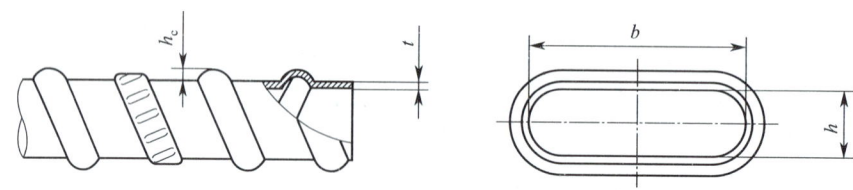

图 2-2　金属波纹扁管构造示意

说明：b—扁管内长轴；h—扁管内短轴；t—钢带厚度；h_c—波纹高度。

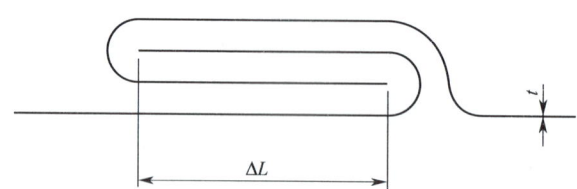

图 2-3　金属波纹管折叠咬口剖面结构示意

说明：ΔL—波纹管折叠咬口的重叠部分宽度；t—钢带厚度。

2. 材料

（1）制作金属波纹管的钢带应为镀锌或非镀锌低碳钢带。当采用镀锌钢带时，性能应符合 GB/T 2518 的规定；当采用非镀锌钢带时，性能应符合 GB/T 716 的规定；也可采用其他已证明适用的金属材料。钢带应附有产品合格证或质量保证书。

（2）金属波纹管的最小钢带厚度应符合表 2-6 和表 2-7 的规定。

圆管规格与钢带厚度对应关系　单位：mm　　表 2-6

公称内径		40	45	50	55	60	65	70	75	80	85	90	95[a]	96	102	108	114	120	126	132
最小钢带厚度	标准型	0.28		0.30						0.35				0.32						
	增强型	0.30		0.35				0.40				0.45	—	0.50						0.60

注：表中未列公称内径大于 132mm 的圆管钢带厚度应根据性能要求进行调整。

a 公称内径 95mm 的金属波纹圆管仅用作连接管。

扁管规格与钢带厚度对应关系　单位：mm　　　　表 2-7

适用预应力钢绞线的规格		ϕ12.7			ϕ15.2、ϕ15.7		
公称内短轴		20			22		
公称内长轴		52	67	75	58	74	90
最小钢带厚度	标准型	0.30	0.35	0.40	0.35	0.40	0.45
	增强型	0.35	0.40	0.45	0.40	0.45	0.50

注：表中未列大直径钢绞线用扁管的最小钢带厚度应根据金属波纹管的性能要求确定。

3. 外观

金属波纹管外观应清洁，内外表面应无锈蚀、油污、附着物、孔洞和不规则的褶皱，咬口无开裂和脱扣。

4. 尺寸

（1）不同规格金属波纹圆管的尺寸允许偏差应符合表 2-8 的规定。

金属波纹圆管尺寸允许偏差　单位：mm　　　　表 2-8

公称内径	40	45	50	55	60	65	70	75	80	85	90	95[a]	96	102	108	114	120	126	132
允许偏差	±0.5												±1.0						

注：表中未列尺寸的规格由供需双方协议确定。

[a] 公称内径 95mm 的金属波纹圆管仅用作连接管。

（2）不同规格金属波纹扁管的尺寸允许偏差应符合表 2-9 的规定。

金属波纹扁管尺寸允许偏差　单位：mm　　　　表 2-9

适用预应力钢绞线的规格	ϕ12.7	ϕ15.2、ϕ15.7	ϕ17.8	ϕ21.6、ϕ21.8	ϕ28.6
公称内短轴	20	22	25	30	37
允许偏差	+1.0 / 0	+1.5 / 0	+1.7 / 0	+2.0 / 0	+2.5 / 0
公称内长轴	52　67　75	58　74　90	56　80　104	69　93　116	89　130　167
允许偏差	±1.0	±1.5	±1.7	±2.0	±2.5

注：表中未列尺寸的规格由供需双方协议确定。

（3）金属波纹圆管的波纹高度 h_c 不应小于表 2-10 的规定。

金属波纹圆管的波纹高度　单位：mm　　　　表 2-10

公称内径	40	45	50	55	60	65	70	75	80	85	90	95	96~132
最小波纹高度	2.5												3.0

公称内径大于 132mm 的圆管波纹高度应根据性能要求进行调整。

5. 抗外荷载性能

金属波纹管承受符合表 2-11 规定的局部横向荷载或均布荷载时，波纹管不应出现开裂、脱扣等现象，变形量应符合表 2-11 的规定。

金属波纹管抗局部横向荷载性能和抗均布荷载性能 表 2-11

截面形状		圆形		扁形
局部横向荷载(N)	标准型	800		500
	增强型			
均布荷载(N)	标准型	$F=0.31d_n^2$		$F=0.15d_e^2$
	增强型			
δ	标准型	$d_n \leqslant 75$	$\leqslant 0.20$	$\leqslant 0.20$
		$d_n > 75$	$\leqslant 0.15$	
	增强型	$d_n \leqslant 75$	$\leqslant 0.10$	$\leqslant 0.15$
		$d_n > 75$	$\leqslant 0.08$	

注：F——均布荷载值，单位为牛顿（N）；

d_n——圆管公称内径，单位为毫米（mm）；

d_e——扁管等效公称内径，$d_e=(2b_n+h_n)/\pi$，单位为毫米（mm）；

b_n——扁管公称内长轴，单位为毫米（mm）；

h_n——扁管公称内短轴，单位为毫米（mm）；

δ——变形比，$\delta=\Delta D/d_n$ 或 $\delta=\Delta H/d_n$；

ΔD——圆管径向变形量，单位为毫米（mm）；

ΔH——扁管短轴向变形量，单位为毫米（mm）。

6. 抗渗漏性能

在承受表 2-11 规定的局部横向荷载作用后或在规定的弯曲情况下，金属波纹管不应渗出水泥浆。

7. 连接管

连接管应与被连接管具有相同的波形，且尺寸大一个规格；连接管的长度应为圆管公称内径或扁管等效公称内径的 4～5 倍，且不应小于 300mm。

2.3.5 试验方法

1. 外观

外观可用目测法检验。

2. 尺寸

测量工具：内外径尺寸测量应采用游标卡尺；钢带厚度测量应采用千分尺；长度测量应采用钢卷尺；波纹高度测量应采用深度尺。

测量方法：圆管内径尺寸应分别量取试件两端相互垂直两个方向的内径，取算术平均值；扁管内长轴和内短轴尺寸应分别量取试件两端的内长轴和内短轴尺寸，分别取算术平均值；钢带厚度及波纹高度应分别在试件两端量取，取算术平均值。测量时应避开波纹和咬口位置。

每个试件钢带厚度的测量结果应符合 2.3.4 中关于材料的相关规定；其他尺寸的测量结果应符合 2.3.4 中关于尺寸的相关规定。

3. 抗外荷载性能试验（略）

4. 抗渗漏性能试验（略）

2.3.6 检验规则

1. 检验分类

（1）产品均应进行出厂检验和型式检验。

（2）出厂检验应由生产厂质量检验部门进行，检验合格方准出厂。

（3）凡属于下列情况之一者，应进行型式检验：

1）新产品或老产品转厂生产的试制定型鉴定；

2）正式生产后，材料、设备、工艺改变，可能影响产品性能时；

3）正常生产时，每 2 年应检验一次；

4）产品停产半年以上，恢复生产时；

5）出厂检验结果与上次型式检验结果有较大差异时。

2. 检验项目

出厂检验和型式检验的检验项目应符合表 2-12 的规定。

产品检验项目　　　　　　　　　　　　表 2-12

序号	项目名称	出厂检验	型式检验
1	外观	√	√
2	尺寸	√	√
3	抗局部横向荷载性能	√	√
4	抗均布荷载性能	—	√
5	承受局部横向荷载后抗渗漏性能	—	√
6	弯曲后抗渗漏性能	√	√

注："√"表示检验项目；"—"表示不检验项目。

3. 组批和抽样

（1）出厂检验

出厂检验应按批进行。每批应由同一钢带生产厂生产的同一批钢带制造的产品组成。每半年或累计 50000m 生产量为一批。

外观应全数检验，其他项目抽样数量均为 3 件。

（2）型式检验

同一截面形状、同一性能要求的金属波纹管应按下列规定分组，并在每组中各选用一种规格的有代表性的产品进行型式检验：

1）公称内径小于或等于 60mm 时，为小规格组；

2）公称内径大于 60mm 小于或等于 90mm 时，为中规格组；

3）公称内径大于 90mm 时，为大规格组；

4）公称内短轴相同的扁管为一组。

所有型式检验项目抽样数量均为 6 件。

4. 检验结果判定

当全部出厂检验项目均符合要求时，应判定该批产品合格；当检验结果有不合格项目时，应从同一批产品中未经抽样的产品中重新加倍取样对不合格项目复检，复检结果全部合格，应判定该批产品合格，否则应判定该批产品不合格。

当全部型式检验项目均符合要求时,应判定型式检验合格;当检验结果有不合格项目时,对不合格项目应重新加倍取样复检,复检结果全部合格,应判定型式检验合格,否则应判定型式检验不合格。

2.3.7 包装和标志

1. 出厂产品应附有质量保证书。质量保证书应注明产品代号、根数、长度、生产日期、生产厂名和检验员印记。
2. 出厂产品应附有本检验批的出厂检验报告。

2.3.8 运输和贮存

1. 产品搬运时宜戴手套防护。
2. 搬运时应轻拿轻放,不应投掷,抛甩或拖拉;吊装工艺应确保产品不受损伤。
3. 装车时,车底应平整,上部不应堆放重物,端部不宜伸出车外,装车完毕后应用绳索缚牢,并用苫布遮严。
4. 产品在仓库内长期保管时,仓库应保持干燥,且应有防潮、通风措施。
5. 产品在室外的保管时间不宜过长,不应直接堆放在地面上,应用苫布等覆盖。
6. 产品堆放高度不宜超过 3m。

2.3.9 使用

1. 现浇预应力工程宜选用镀锌金属波纹管;预制构件生产中,在确保金属波纹管不发生锈蚀的情况下,可采用非镀锌金属波纹管。
2. 预应力混凝土工程采用先穿束工艺时,可选用标准型金属波纹管;采用后穿束工艺时,宜选用增强型金属波纹管。增强型金属波纹管也适用于建筑工程的竖向及特殊位置的成孔;当用于特种结构的孔道成孔时,钢带厚度宜适当增加。
3. 金属波纹管应采用无齿锯切割,使用过程中不应踩踏。
4. 连接金属波纹管时,两根被连接波纹管的端部应靠紧,接缝应位于连接管中部,并应采用具有防水性能的材料缠绕,保证连接处的密封性。
5. 金属波纹管现场制作时,出厂检验可与进场检验合并。

第4节 《高性能混凝土用骨料》JG/T 568—2019

2.4.1 范围

本标准规定了高性能混凝土用骨料的术语和符号,分类与等级,要求,试验方法,检验规则,标志、贮存和运输等。

本标准适用于建设工程中配制高性能混凝土用的骨料,不包括轻骨料和重骨料等特殊骨料。

2.4.2 规范性引用文件(略)

2.4.3 术语和符号

1. 术语

(1) 高性能混凝土 high performance concrete

以建设工程设计和施工对混凝土性能特定要求为总体目标,选用优质常规原材料,合理掺加外加剂和矿物掺合料,采用较低水胶比并优化配合比,通过绿色预拌生产方式以及严格的施工措施,制成具有优异的拌合物性能、力学性能、长期性能和耐久性能的混凝土。

（2）骨料 aggregate

在混凝土中起骨架、填充和稳定体积作用的岩石颗粒等粒状松散材料。

（3）粗骨料（石）coarse aggregate

粒径大于 4.75 mm 的岩石颗粒。其包括卵石和碎石。

（4）卵石 pebble

由自然风化、水流搬运和分选、堆积形成的，粒径大于 4.75 mm 的岩石颗粒。

（5）碎石 crushed stone

岩石、卵石、未经化学方法处理过的矿山尾矿，经除土、机械破碎、整形、筛分、粉控等工艺制成的，粒径大于 4.75 mm 的岩石颗粒。

（6）针、片状颗粒 elongated flaky particle

卵石、碎石颗粒的长度大于该颗粒所属相应粒级的平均粒径 2.4 倍者为针状颗粒；厚度小于平均粒径 0.4 倍为片状颗粒。

（7）粗骨料不规则颗粒 irregular particle in coarse aggregate

卵石、碎石颗粒最小一维尺寸小于该颗粒所属相应粒级的平均粒径 0.5 倍的颗粒。

（8）细骨料（砂）fine aggregate

粒径小于 4.75 mm 的岩石颗粒，包括天然砂和人工砂。

（9）天然砂 natural sand

自然形成的，经人工开采和筛分的粒径小于 4.75 mm 的岩石颗粒，包括河砂、湖砂、山砂、淡化（略）海砂，但不包括软质、风化的岩石颗粒。

（10）人工砂 artificial sand

包括机制砂和混合砂。

（11）机制砂 machine-made sand

岩石、卵石、未经化学方法处理过的矿山尾矿，经除土、机械破碎、整形、筛分、粉控等工艺制成的，粒径小于 4.75 mm 的岩石颗粒，但不包括软质、风化的岩石颗粒。

（12）混合砂 mixed sand

由天然砂与机制砂按一定比例混合而成的砂。

（13）人工砂片状颗粒 flaky particle in artificial sand

粒径 1.18 mm 以上的人工砂颗粒中最小一维尺寸小于该颗粒所属相应粒级的平均粒径 0.45 倍的颗粒。

（14）含泥量 sediment percentage

天然砂、卵石和碎石中粒径小于 75 μm 的颗粒含量。

（15）石粉含量 rock fines content

人工砂中粒径小于 75 μm 的颗粒含量。

（16）石粉亚甲蓝值（MB 值）methylene blue number of rock fines

用于判定石粉吸附性能的指标。

（17）石粉流动度比 fluidity ratio of rock fines

在掺加外加剂和 0.4 水胶比条件下，掺加石粉的胶砂与基准水泥胶砂的流动度之比，用于判定石粉对减水剂吸附性能的指标。

（18）人工砂需水量比 water requirement of artificial sand

人工砂与中国 ISO 标准砂在规定水泥胶砂流动度偏差下的用水量之比，用于综合判定人工砂级配、粒形、吸水率和石粉吸附性能的指标。

2. 符号

F_F：石粉流动度比

F_S：细骨料片状颗粒含量

I_C：粗骨料不规则颗粒含量

X：人工砂需水量比

MB_F：石粉亚甲蓝值

2.4.4 分类与等级

1. 分类

粗骨料（石）分为卵石和碎石。

细骨料（砂）分为天然砂和人工砂，人工砂包括机制砂和混合砂。

2. 等级

细骨料、粗骨料按技术要求分别分为特级和Ⅰ级。

2.4.5 要求

1. 一般要求

（1）骨料的放射性应符合 GB 6566 的规定。

（2）用矿山废石生产的粗细骨料，有害物质除应分别符合 2.4.5 中 2 和 3 的规定外，还应符合国家环保和安全相关规范，不应对人体、生物、环境及混凝土产生有害影响。

（3）碱-骨料反应活性

用于混凝土的骨料应进行碱活性检验，并应符合 GB/T 50733 的技术要求。

2. 粗骨料的技术要求

（1）粗骨料级配

供方应按单粒粒级销售，需方应按单粒粒级分仓储存。粗骨料颗粒级配应符合表 2-13 的规定。粗骨料最大粒径根据需要可放大。

粗骨料颗粒级配　　　　表 2-13

公称粒级(mm)	累计筛余						
	方孔筛(mm)						
	2.36	4.75	9.50	16.0	19.0	26.5	31.5
5～10	95～100	80～100	0～15	0			
10～16		95～100	80～100	0～15			
10～20		95～100	85～100		0～15		
16～25			95～100	55～70	25～40	0～10	
16～31.5		95～100		85～100			0～10

（2）技术要求

粗骨料的技术要求应符合表 2-14 的规定。

粗骨料技术要求　　　　　　　　　　　　　　表 2-14

项　目	卵石		碎石	
	特级	Ⅰ级	特级	Ⅰ级
针片状颗粒含量(%)	≤3	≤5	≤3	≤5
不规则颗粒含量(%)	≤5	≤10	≤5	≤10
表观密度(kg/m³)	≥2600	≥2600	≥2600	≥2600
含泥量(按质量计)(%)	≤0.5	≤1.0	≤1.0	≤1.0
泥块含量(按质量计)(%)	0	≤0.2	0	≤0.2
有机物硫化物及硫酸盐含量（按 SO_3 质量计）[a](%)	合格		合格	
	≤0.5	≤1.0	≤0.5	≤1.0
吸水率(%)	≤1.0	≤1.5	≤1.0	≤1.5
坚固性(质量损失)(%)	≤5	≤8	≤5	≤8
压碎指标[b](%)	≤10	≤15	≤10	≤15
氯化物(以氯离子质量计)(%)	≤0.01	≤0.02	≤0.01	≤0.02
含水率	实测值		实测值	
岩石抗压强度	在水饱和状态下，其抗压强度：火成岩不应小于 80MPa，变质岩不应小于 60 MPa，水成岩不应小于 45 MPa			

[a] 当粗骨料中含有颗粒状的硫酸盐或硫化杂质时，应进行专门检验，确认能满足混凝土耐久性要求后，方能采用；当粗骨料中含有黄铁矿时，硫化物及硫酸盐含量（按 SO_3 质量计）不得超过 0.25%。

[b] 当采用干法生产的石灰岩碎石配制 C40 及其以下强度等级大流动态混凝土（坍落度大于 180mm）时，碎石的压碎指标可放宽至 20%。

3. 细骨料的技术要求

（1）细骨料颗粒级配应符合表 2-15 的规定，且细度模数应为 2.3～3.2。细骨料颗粒级配允许一个粒级（不含 4.75 mm 和筛底）的分计筛余可略有超出，但不应大于 5%。当石粉亚甲蓝值 $MB_F \geq 6.0$ 时，人工砂 0.15 mm 和筛底的分计筛余之和不宜大于 25%。

细骨料颗粒级配　　　　　　　　　　　　　表 2-15

方孔筛尺寸(mm)	4.75	2.36	1.18	0.60	0.30	0.15	筛底
人工砂分级筛余(%)	0～5	10～15	10～25	20～31	20～30	5～15	0～20
天然砂分级筛余(%)	0～10	10～15	10～25	20～31	20～30	5～15	0～10

（2）技术要求

人工砂的石粉含量应符合下列要求：

1）当石粉亚甲蓝值 $MB_F \geq 6.0$ 时，石粉含量（按质量计）不应超过 3.0%；

2）当石粉亚甲蓝值 $MB_F \geq 4.0$，且石粉流动度比 $F_F < 100\%$ 时，石粉含量（按质量计）不应超过 5.0%；

3）当石粉亚甲蓝值 $MB_F \geq 4.0$，且石粉流动度比 $F_F \geq 100\%$ 时，石粉含量（按质量计）不应超过 7%；

4）当石粉亚甲蓝值 $MB_F \leq 4.0$，且石粉流动度比 $F_F \geq 100\%$ 时，石粉含量（按质量计）不应超过 10%；

5）当石粉亚甲蓝值 $MB_F \leqslant 2.5$ 或石粉流动度比 $F_F \geqslant 110\%$ 时，根据使用环境和用途，并经试验验证，供需双方协商可适当放宽石粉含量（按质量计），但不应超过 15%。

细骨料的其他技术要求应符合表 2-16 的规定。

细骨料其他技术要求　　　　　表 2-16

项目	天然砂		人工砂	
	特级	Ⅰ级	特级	Ⅰ级
含泥量（按质量计）（%）	≤1.0	≤2.0	—	—
泥块含量（按质量计）（%）	0	≤0.5	0	≤0.5
片状颗粒含量（%）	—	—	≤10	≤15
人工砂需水量比[a]（%）	—	—	≤115	≤125
坚固性（质量损失）（%）	≤5	≤8	≤5	≤8
单级最大压碎指标（%）	—	—	≤20	≤25
表观密度（kg/m³）	≥2600	≥2600	≥2600	≥2600
松散堆积空隙率（%）	≤41.0	≤43.0	≤41.0	≤43.0
饱和面干吸水率（%）	≤1.0	≤2.0	≤1.0	≤2.0
云母含量（按质量计）（%）	≤1.0	≤2.0	≤1.0	≤2.0
含水率	供需双方协商确定		供需双方协商确定	
轻物质含量（按质量计）（%）	≤1.0		≤1.0	
有机物含量	合格		合格	
硫化物及硫酸盐含量（按 SO_3 质量计）[b]（%）	≤0.5		≤0.5	
氯化物（以氯离子质量计）（%）	≤0.01	≤0.02	≤0.01	≤0.02
贝壳（按质量计）[c]（%）	≤3.0	≤5.0	≤3.0	≤5.0

a 此指标为选择性指标，可由供需双方协商确定是否采用。

b 当细骨料中含有颗粒状的硫酸盐或硫化杂质时，应进行专门检验，确认能满足混凝土耐久性要求后，方能采用；当细骨料中含有黄铁矿时，硫化物及硫酸盐含量（按 SO_3 质量计）不得超过 0.25%。

c 该指标仅适用于海砂，其他砂种不作要求。

2.4.6 试验方法

1. 试样、试验环境、试验用筛和颗粒级配

细骨料和粗骨料的试样、试验环境、试验用筛和颗粒级配分别按 GB/T 14684 和 GB/T 14685 的规定进行，砂的细度模数按 GB/T 14684 的规定进行。

2. 粗骨料针、片状颗粒含量

按 GB/T 14685 进行。

3. 粗骨料不规则颗粒含量（略）

4. 细骨料片状颗粒含量（略）

5. 含泥量、泥块含量

细骨料和粗骨料的含泥量、泥块含量分别按 GB/T 14684 和 GB/T 14685 的规定进行。

6. 石粉含量

人工砂的石粉含量按 GB/T 14684 中的石粉含量试验方法进行。

7. 石粉亚甲蓝值（略）

8. 石粉流动度比（略）

9. 人工砂需水量比（略）

10. 坚固性

细骨料、粗骨料的坚固性分别按 GB/T 14684 和 GB/T 14685 的规定进行。

11. 压碎指标

人工砂、粗骨料的压碎值分别按 GB/T 14684 和 GB/T 14685 的规定进行。

12. 表观密度、松散堆积密度和松散堆积空隙率

细骨料和粗骨料的表观密度、松散堆积密度、松散堆积空隙率分别按 GB/T 14684 和 GB/T 14685 的规定进行。

13. 有机物、硫化物及硫酸盐含量

细骨料和粗骨料的有机物、硫化物及硫酸盐含量分别按 GB/T 14684 和 GB/T 14685 的规定进行。

14. 云母、轻物质

细骨料的云母、轻物质按 GB/T 14684 的规定进行。

15. 氯化物含量

细骨料的氯化物含量按 GB/T 14684 的规定进行；粗骨料的氯化物含量按本标准附录 F 的规定进行。

16. 吸水率

细骨料的饱和面干吸水率和粗骨料的吸水率分别按 GB/T 14684 和 GB/T 14685 的规定进行。

17. 岩石抗压强度

碎石的岩石抗压强度按 GB/T 14685 的规定进行。

18. 贝壳含量

海砂中贝壳含量试验按 GB/T 14684 的规定进行。

19. 含水率

细骨料和粗骨料的含水率分别按 GB/T 14684 和 GB/T 14685 的规定进行。

2.4.7 检验规则

1. 检验分类

（1）出厂检验

1）天然砂的出厂检验项目包括颗粒级配、含泥量、泥块含量、松散堆积空隙率。

2）人工砂的出厂检验项目包括颗粒级配、片状颗粒含量、石粉含量（含石粉亚甲蓝值和石粉流动度比）、泥块含量、松散堆积空隙率。

3）粗骨料的出厂检验项目包括粗骨料不规则颗粒含量、针片状颗粒含量、颗粒级配、含泥量、泥块含量检验。

（2）型式检验

细骨料的型式检验项目包括本标准规定的全部项目，碱-骨料反应活性根据用户需要进行；粗骨料的型式检验项目包括本标准规定的全部项目，碱-骨料反应活性根据用户需要进行。细骨料、粗骨料有下列情况之一时，应进行型式检验：

1）新产品投产时；

2）原材料产源或生产工艺发生变化时；

3）正常生产时，每年进行 1 次；

4）停产 6 个月以上恢复生产时；

5）出厂检验结果和上次型式检验结果有较大差异时。

2. 组批规则

按同分类、类别（粗骨料还包括公称粒级）及日产量，每 2000t 为 1 批，不足 2000t 也为 1 批；当日产量超过 10000t，每 4000t 为 1 批，不足 4000t 也为 1 批。

3. 判定规则

（1）试验结果均符合本标准的相应类别和级别判定时，可判为该批产品合格。

（2）若有一项检验指标不符合标准规定时，应从同一批产品中加倍取样，对该项进行复验。复验后，若试验结果符合标准规定，可判为该批产品合格；若仍然不符合标准规定，判为不合格。若有 2 项及以上试验结果不符合标准规定时，则判该批产品不合格。

2.4.8 标志、贮存和运输

1. 细骨料、粗骨料出厂时，供需双方在厂内验收产品，生产厂应提供产品质量合格证书，应包括下列内容：

（1）细骨料、粗骨料的类别、等级和生产厂信息，粗骨料还包括公称粒径；

（2）批量编号及供货数量；

（3）出厂检验结果、日期及执行标准编号；

（4）合格证编号及发放日期；

（5）检验部门及检验人员签章。

2. 细骨料应按分类、等级分别堆放和运输，粗骨料应按分类、等级和公称粒级分别堆放和运输，防止人为碾压、混合及污染产品。

3. 运输时，应有必要的防遗撒设施，不应污染环境。

第 5 节 《烧结保温砌块应用技术标准》JGJ/T 447—2018

2.5.1 总则

1. 为规范烧结保温砌块在建筑工程中的应用，做到技术先进、经济合理、安全适用、确保质量，制定本标准。

2. 本标准适用于新建、扩建和改建的民用建筑中采用烧结保温砌块作为非承重墙体的工程设计、施工和质量验收。

3. 烧结保温砌块的应用除应符合本标准外，尚应符合国家现行有关标准的规定。

2.5.2 术语

1. 烧结保温砌块 fired thermal insulation block

普通烧结保温砌块和复合烧结保温砌块的总称。

2. 普通烧结保温砌块 ordinary fired thermal insulation block

以黏土、页岩以及煤矸石、粉煤灰、淤泥等固体废弃物为主要原料经焙烧而成的主要用于建筑物围护结构的多孔薄壁的保温隔热砌块。

3. 复合烧结保温砌块 composited fired thermal insulation block

在普通烧结保温砌块孔洞中填充膨胀珍珠岩或聚氨酯硬泡或模塑聚苯板或岩棉等高效保温材料复合而成的以进一步提高热工性能的砌块。

4. 薄层砌筑砂浆 thin-layer masonry mortar

以水泥、砂、添加剂为组成材料，经搅拌而成的满足工作性能和粘结强度要求并能减少砌筑灰缝热桥影响的砂浆。

2.5.3 基本规定

1. 烧结保温砌块墙体的结构安全性以及热工性能应符合设计要求。
2. 当采用烧结保温砌块自保温系统时，混凝土主体结构的梁、板、柱等热桥部位应采用保温材料进行保温处理，并应符合设计要求。
3. 烧结保温砌块应采用配套的砌筑砂浆砌筑，当采用薄层砌筑工艺时应使用配套的薄层砌筑砂浆。在烧结保温砌块砌体与混凝土的梁、板、柱等连接部位，应做拉结增强处理，连接部位应进行保温、抗裂、防渗处理。
4. 当烧结保温砌块砌筑墙体用于严寒和寒冷地区时，应对可能产生热桥的部位进行结露验算。当不满足要求时，应采取防结露措施。

2.5.4 材料

1. 烧结保温砌块

（1）普通烧结保温砌块强度等级应符合表2-17的规定。

普通烧结保温砌块强度等级　　　　　表2-17

强度等级	抗压强度			密度等级范围 (kg/m³)	试验方法执行标准
	抗压强度平均值 (MPa)	变异系数 δ≤0.21 强度标准值 (MPa)	变异系数 δ>0.21 单块最小抗压强度值 (MPa)		
MU15.0	≥15.0	≥10.0	≥12.0	≤1000	现行国家标准《烧结保温砖和保温砌块》GB 26538—2011
MU10.0	≥10.0	≥7.0	≥8.0		
MU7.5	≥7.5	≥5.0	≥5.8		
MU5.0	≥5.0	≥3.5	≥4.0		
MU3.5	≥3.5	≥2.5	≥2.8	≤800	

（2）普通烧结保温砌块密度等级应符合表2-18的规定。

普通烧结保温砌块密度等级　　　　　表2-18

密度等级 (kg/m³)	5块密度平均值 (kg/m³)	试验方法执行标准
700	≤700	现行国家标准《烧结保温砖和保温砌块》GB 26538—2011
800	701～800	
900	801～900	
1000	901～1000	

（3）普通烧结保温砌块抗冻性能应符合表2-19的规定。

普通烧结保温砌块抗冻性能　　表2-19

使用条件	抗冻指标	质量损失率	冻融试验后砌块要求	试验方法执行标准
夏热冬暖地区	D15	≤5%	1 不允许出现分层、掉皮、缺棱掉角等冻坏现象； 2 冻后裂纹长度要求： 1）未贯穿裂纹长度 大面上宽度方向及其延伸到条面的长度≤100mm； 大面上长度方向或条面上水平面方向的长度≤120mm。 2）贯穿裂纹长度 大面上宽度方向及其延伸到条面的长度≤40mm； 壁、肋沿长度方向、宽度方向及其水平方向的长度≤40mm	现行国家标准《烧结保温砖和保温砌块》GB 26538—2011
夏热冬冷地区	D25			
寒冷地区	D35			
严寒地区	D50			

（4）普通烧结保温砌块传热系数等级应符合表2-20的规定。

普通烧结保温砌块传热系数等级　　表2-20

传热系数等级	单层试样传热系数 K值实测范围[W/(m·K)]	传热系数等级	单层试样传热系数 K值实测范围[W/(m·K)]
2.00	1.51～2.00	0.70	0.61～0.70
1.50	1.36～1.50	0.60	0.51～0.60
1.35	1.01～1.35	0.50	0.41～0.50
1.00	0.91～1.00	0.40	0.31～0.40
0.90	0.81～0.90	0.30	0.21～0.30
0.80	0.71～0.80		

（5）普通烧结保温砌块的性能除应符合(1)～(4)的规定外，尚应符合现行国家标准《烧结保温砖和保温砌块》GB 26538—2011的相关规定。

（6）复合烧结保温砌块的性能除应符合(1)～(5)外，填充保温材料与填充孔洞高度差尚不应大于1mm。

2. 砌筑砂浆和抹灰砂浆

（1）砌筑砂浆性能应符合表2-21的规定。

砌筑砂浆性能　　表2-21

项目		指标	试验方法执行标准
凝结时间(h)		3～9	现行行业标准《建筑砂浆基本性能试验方法标准》JGJ/T 70—2009
保水率(%)		≥90	
抗压强度(MPa)		≥5.0	
抗冻性	质量损失率(%)	≤5	现行国家标准《预拌砂浆》GB/T 25181—2019
	强度损失率(%)	≤25	

（2）薄层砌筑砂浆性能应符合表2-22的规定。

薄层砌筑砂浆性能　　　　　　　　　　表 2-22

项目		指标	试验方法执行标准
保水率（%）		≥99	现行行业标准《建筑砂浆基本性能试验方法标准》JGJ/T 70—2009
抗压强度（MPa）		≥5.0	
14d 拉伸粘结强度（MPa）		≥0.2	
抗冻性	质量损失率（%）	≤5	现行国家标准《预拌砂浆》GB/T 25181—2019
	强度损失率（%）	≤25	

（3）砌筑砂浆和薄层砌筑砂浆的性能除应符合本标准相关规定外，尚应符合现行国家标准《预拌砂浆》GB/T 25181—2019 的有关规定。

（4）抹灰砂浆性能应符合表 2-23 的规定。

抹灰砂浆性能　　　　　　　　　　表 2-23

项目		指标	试验方法执行标准
保水率（%）		≥88	现行行业标准《建筑砂浆基本性能试验方法标准》JGJ/T 70—2009
凝结时间（h）		3～9	
2h 稠度损失率（%）		≤30	
14d 拉伸粘结强度（MPa）		M5：≥0.15 M5 以上：≥0.20	
28d 收缩率（%）		≤0.20	
抗冻性	质量损失率（%）	≤5	现行国家标准《预拌砂浆》GB/T 25181—2019
	强度损失率（%）	≤25	

3. 其他材料

（1）梁、板、柱等热桥部位处理用保温板宜采用导热系数不大于 0.05W/(m·K)、燃烧等级不低于 B_1 级的保温材料，并应符合下列规定：

1）模塑聚苯板应符合现行国家标准《模塑聚苯板薄抹灰外墙外保温系统材料》GB/T 29906—2013 的规定；

2）挤塑聚苯板应符合现行国家标准《挤塑聚苯板（XPS）薄抹灰外墙外保温系统材料》GB/T 30595—2014 的规定；

3）硬泡聚氨酯板应符合现行行业标准《硬泡聚氨酯板薄抹灰外墙外保温系统材料》JG/T 420—2013 的规定；

4）岩棉应符合现行国家标准《建筑外墙外保温用岩棉制品》GB/T 25975—2018 的规定；

5）无机轻集料保温板应符合现行行业标准《无机轻集料防火保温板通用技术要求》JG/T 435 的规定。

（2）烧结保温砌块砌体与混凝土柱、剪力墙交接截面拉结钢筋应符合现行国家标准《钢筋混凝土用钢　第 1 部分：热轧光圆钢筋》GB/T 1499.1—2017 或《钢筋混凝土用钢　第 2 部分：热轧带肋钢筋》GB/T 1499.2—2018 的规定。

（3）其他热桥处理使用的玻纤网格布、胶粘剂、抹面胶浆、锚栓、密封材料等材料应符合现行行业标准《外墙外保温工程技术标准》JGJ 144—2019 的规定。

2.5.5 设计

1. 一般规定

（1）烧结保温砌块的应用设计应包括建筑设计和结构设计。

（2）烧结保温砌块墙体结构设计应符合现行国家标准《砌体结构设计规范》GB 50003—2011 和《建筑抗震设计规范（附条文说明）(2016 年版)》GB 50011—2010 对填充砌体的相关规定。

（3）烧结保温砌块墙体的热工设计应符合现行国家标准《民用建筑热工设计规范（含光盘）》GB 50176—2016 的规定。

（4）烧结保温砌块墙体耐火极限应符合现行国家标准《建筑设计防火规范（2018 年版）》GB 50016—2014 的规定。

（5）梁、板、柱等热桥部位的保温处理应采用外墙外保温系统，并应符合国家现行标准《外墙外保温工程技术标准》JGJ 144—2019 及《建筑设计防火规范（2018 年版）》GB 50016—2014 的规定。

（6）填充墙体的水平模数网格宜为 2m，竖向模数网格宜为 1m，墙体的分段净长宜为 1m。

（7）烧结保温砌块用于外墙或潮湿环境的内墙时，强度等级不应低于 MU5.0；用于其他内墙时，强度等级不应低于 MU3.5。

2. 设计要求

（1）进行烧结保温砌块墙体设计时，采用主规格砌块，数量应大于砌体所用砌块总数的 80%，其余可采用配套规格的砌块；主规格和配套规格的砌块应采用同一厂家、同一品质的砌块。

（2）设计应对层高、砌块尺寸、砌筑灰缝和门窗洞口设置等做出规定，尚应包括下列内容：

1）横向和竖向的预排块；

2）合理预留水、电等管线位置。

（3）砌筑砂浆、薄层砌筑砂浆、抹灰砂浆的抗压强度不应低于烧结保温砌块的抗压强度。

（4）薄层砌筑的灰缝厚度不应大于 5mm。

（5）对梁、板、柱等热桥部位进行保温处理时，构造设计应符合下列规定：

1）烧结保温砌块墙体应凸出梁、板、柱等热桥部位，凸出尺寸宜为保温板厚度，且厚度不宜大于 50mm；

2）每层楼板宜向外延伸作为凸出梁、板、柱等热桥部位的烧结保温砌块墙体的挑板，延伸长度宜为保温板厚度，且厚度不宜大于 50mm，同时应采取保温措施对外挑部分的热桥进行隔断处理；

3）热桥部位应做保温处理（图 2-4、图 2-5）。

（6）烧结保温砌块墙体与混凝土柱、剪力墙、楼板交接处的拉结措施应符合下列规定：

1）采用钢筋或钢丝网片进行拉结，钢筋或钢丝网片一端应可固定在混凝土结构上，

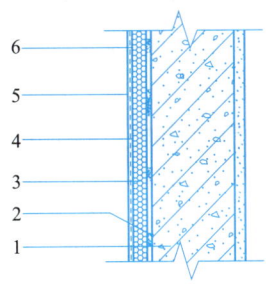

图 2-4　热桥部位保温处理的基本构造示意
1—混凝土梁、柱、墙；2—胶粘剂；3—保温板；
4—抹面胶浆；5—玻纤网格布；6—饰面层

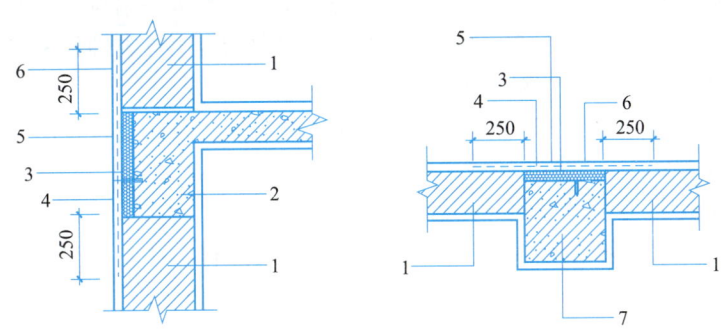

图 2-5　梁、柱与墙体交接处保温处理的构造做法示意
1—保温墙体；2—混凝土梁；3—保温板；4—玻纤网格布；
5—抹面胶浆；6—饰面层；7—混凝土柱

其余部分应砌筑在灰缝中，拉结长度应符合现行国家标准《建筑抗震设计规范（附条文说明）（2016 年版）》GB 50011—2010 的规定；

2）拉结钢筋或钢丝网片沿高度方向的间距不宜大于 500mm；

3）填充墙体顶面应与上部结构密切结合，宜采用配套砌块斜砌。

(7) 烧结保温砌块墙体与混凝土梁、柱、剪力墙交接处外墙面应采用玻纤网格布或钢丝网片结合抗裂砂浆做抗裂防护层，并应符合下列规定：

1）抗裂防护层高度应与层高一致；

2）抗裂防护层总宽度不宜小于 500mm，且砌体和混凝土结构上的单条宽度均不宜小于 250mm。

(8) 外墙保温系统的烧结保温砌块墙体中不宜开凿沟槽和埋设管线。

(9) 烧结保温砌块墙体上悬挂重物的锚栓应采用回拧式锚栓，锚入深度不应小于 70mm，且锚固处应进行密封和防水处理。

2.5.6　施工

1. 一般规定

(1) 烧结保温砌块墙体工程施工前应严格按照设计文件和现行国家标准编制施工方案，施工前应做样板墙，并应进行技术交底。

(2) 施工现场应具有完备的施工质量管理制度。

(3) 单位工程应使用同一厂家、同一品种的砌块。

(4) 烧结保温砌块墙体应按照排块设计图进行施工，主砌块和辅助砌块搭配使用，不应随意切割砌块，如必须切割时应采用专用切割工具。

(5) 保温墙体施工期间以及完工后24h内，应避免雨淋、冰冻、撞击破坏等。遇有大雨、雪天及5级以上大风恶劣天气，不得施工；施工环境温度低于5℃时不宜施工。

2. 材料进场

(1) 烧结保温砌块进入施工现场时，应有有效的产品型式检验报告、出厂检验报告、出厂合格证书等，其品种、规格、性能等应符合设计要求和本标准的规定；进入施工现场后，应进行验收，并按规定抽样复验。

(2) 烧结保温砌块应轻搬轻放，不应任意抛摔。

(3) 堆放场地应平整干燥，并有防潮、防雨雪设施，有机保温材料要有防火措施。

(4) 不同品种、规格型号、强度等级和生产日期的砌块应分类堆放并设置标识；码垛高度不宜超过1.6m，其间应留有通道。

(5) 相关配套材料应在干燥阴凉的场所储存，储存期及条件应符合产品说明书以及施工单位的要求。

3. 墙体砌筑

(1) 墙体砌筑应在混凝土梁、板、柱等验收合格后进行，并应按照设计图纸的房屋轴线编绘墙体平、立面排列图，不得有通缝，排列图应标示门窗洞口、过梁、预埋管线等部位。

(2) 墙体砌筑前应进行基层清理和找平，找平可采用细石混凝土或水泥砂浆；应按设计图进行弹线，包括砌体轴线、边线、门窗洞口和梁柱中心线等控制线。

(3) 在房屋四周转角处主要部位应设置皮数杆和水准线，基础皮数杆应进行抄平，杆上首层室内地面标高应与设计的首层室内地面标高一致。对砌块层数、灰缝、过梁等处应进行高度和厚度控制。

(4) 墙体砌筑准备时，应将砌块按每层的使用量分散堆放至各层楼面的墙体砌筑位置；应提前浇水润湿砌块，施工时不得再次浇湿，同时尚应保持基础面湿润。

(5) 砌筑砂浆应按配制规定随拌随用；调好的砂浆宜在2～3h内用完，不得随意加水。

(6) 砌筑开始时，先按照皮数杆标高在转角及交接处砌筑数皮，再在其间拉准线砌筑中间部分。水平灰缝饱满度不应低于90%，垂直灰缝饱满度不应低于80%；灰缝厚度宜为8～12mm，灰缝应做勾平处理，不得有不实之处。当采用薄层砌筑工艺进行砌筑时，应采用专用的铺灰工具铺浆，灰缝厚度不宜大于5mm。

(7) 每皮宜按同一方向顺砌，应摆正调平、一皮一校正；砌筑后的砌块需要校正时，应清除原砂浆，重新砌筑；砌块不得随意移动或撞击。

(8) 基础皮应进行试排。上下皮应错缝对孔，搭接长度宜为砌块长度的1/2且不小于砌块长度的1/3，最小搭接长度不应小于100mm。接近梁、楼板等底部时，应预留空隙，空隙填充宜在墙体砌筑完成7d后进行，填充砌体应逐个压实。

(9) 砌筑临时间断处，应留置斜槎或竖槎，斜槎的水平投影长度应大于斜槎高度；竖槎的悬空部分宜采用配套砌块作为临时支撑，保证砌块砌筑时的水平度和垂直度。砌体端头、转角处、交接处应采用配套砌块砌筑交错插接，构造柱立模前，应将留槎部位与混凝土交界面粉尘清理干净，混凝土振捣时振捣棒不得接触墙体。

（10）临时施工洞口宽度不应大于800mm，其侧边墙体距离与混凝土结构交接处不得小于500mm；临时洞口封堵时应采用原砌块与配套砂浆砌实，接缝部位墙面应采用玻纤网格布和抗裂砂浆做抗裂防护层，其覆盖交接缝两侧的宽度均不宜小于250mm。

4. 墙体与结构拉结处理

（1）烧结保温砌块墙体与混凝土结构交接处的拉结钢筋或钢丝网片，应砌入砌体水平灰缝；灰缝砂浆应饱满、有效包裹拉结钢筋。埋入砌体内部的拉结钢筋或钢丝网片，应保持平直，不得任意弯折。

（2）交接处外墙面采用玻纤网格布或钢丝网片结合抗裂砂浆做抗裂防护层时，玻纤网格布的搭接长度不应小于100mm；抗裂防护层施工应符合本标准规定。

5. 热桥部位处理

（1）混凝土基层的处理应符合下列规定：

1）混凝土梁、板、柱等基层表面应洁净平整，无油污、隔离剂等；凹凸、空鼓和疏松等部位应剔除并修补；

2）混凝土基层的允许偏差应符合表2-24的规定；不符合规定的应进行砂浆找平，找平层应与基层粘结牢固，不得有脱层、空鼓、酥松、裂缝；找平层的面层不得有粉化、起皮、爆灰等现象。

混凝土基层的允许偏差　　　　　　　　　表2-24

	项目		允许偏差（mm）	测试方法
混凝土基层	表面垂直度	每层	5	2m托线板检测
		全高 ≤10m	10	经纬仪或吊线检查
		全高 >10m	20	
	表面平整度		5	2m直尺和楔形塞尺检查

（2）胶粘剂、抹面胶浆的配制及使用应符合下列规定：

1）应按材料供应商产品说明书的要求配制；

2）搅拌时间自投料完毕后不宜少于5min，一次配制用量宜在可操作时间内用完，夏季施工时间宜控制在2h内或按产品说明书中规定的时间用完；

3）环境温度超过35℃时，抹面胶浆应采取保水措施。

（3）保温板的粘贴应采用现行行业标准《外墙外保温工程技术标准》JGJ 144—2019中规定的外墙外保温系统做法，并应符合下列规定：

1）保温板宜与热桥部位宽度一致，应与砌体侧边挤紧并与混凝土基层粘结牢固；

2）应采用点框法或条粘法进行粘贴，板侧面禁止涂抹胶粘剂；保温板的有效粘贴面积不应低于板面积的50%。

（4）保温板应采用玻纤网格布和抹面胶浆做抹面层，并应与混凝土结构交接处外墙面的抗裂防护层协调，玻纤网格布在烧结保温砌块墙面延伸应超过250mm，尚应符合下列规定：

1）玻纤网格布应靠抹面层的外表面，抹面层的总厚度宜控制在3～5mm；

2) 单张玻纤网格布的长度不宜大于 6m，玻纤网格布的铺设应平整、无褶皱，并保持阴阳角的方正和垂直度，玻纤网格布之间搭接长度不应小于 100mm；

3) 对于建筑物首层等易碰撞部位，应在抹面胶浆中压入两层玻纤网格布增强；对于二层及二层以上的墙面，采用有机材料的保温板时宜采用一层玻纤网格布，采用无机材料的保温板时宜采用两层玻纤网格布；

4) 抹面层应静置养护不少于 24h，不得扰动；在寒冷潮湿气候条件下，应延长养护时间。

6. 抹灰工程

(1) 墙体砌筑质量、墙体与混凝土结构拉结处理和热桥部位保温处理等验收合格后，方可进行墙体的抹灰工程。抹灰宜在墙体完工 14d 后，且抗裂防护层完工 2d 后进行。

(2) 抹灰前墙体应符合下列规定：

1) 预埋件、预留洞等位置正确，门窗与墙体应连接牢靠；

2) 墙体表面的尘土、污垢、油渍等应清除干净；

3) 墙体表面上的孔洞、门窗框与墙体连接处应填补密实；

4) 墙体宜喷水湿润，并应对门、窗框等做好防护。

(3) 应依据墙体弹出的基准线，分别在门窗口角、垛、墙面等处垂直吊线。

(4) 抹灰应分层施工，砂浆每层抹灰厚度宜为 5~7mm，且应在前一层初凝后再进行后续抹灰施工。

(5) 墙体抹灰层应设置分格缝，水平分格缝宜与窗口上沿或窗口下沿平齐，间距宜为 8~15m；垂直分格缝宜与窗的边线对齐，间距不宜大于 6m。分格缝应用密封材料嵌缝。

(6) 抹灰完工后应及时采取养护及保护措施，防止雨水冲刷曝晒、冻害、撞击振动等。

2.5.7 验收

1. 一般规定

(1) 烧结保温砌块墙体工程质量验收应符合国家现行标准《建筑工程施工质量验收统一标准》GB 50300—2013、《砌体结构工程施工质量验收规范》GB 50203—2011、《建筑节能工程施工质量验收标准》GB 50411—2019 和《外墙外保温工程技术标准》JGJ 144—2019 的规定。

(2) 验收时应检查下列文件和记录：

1) 设计文件、图纸会审记录、设计变更和节能审查文件；

2) 设计与施工的执行标准和有关技术文件；

3) 烧结保温砌块、砌筑砂浆、抹灰砂浆以及其他材料的质量合格证、有效期内的型式检验报告、出厂检验报告、进场抽检复验报告和进场验收记录等；

4) 墙体砌筑、砌体与混凝土结构拉结处理、热桥部位保温处理等在抹灰前作为隐蔽工程验收的记录；

5) 检验批、分项工程验收记录；

6) 施工记录；

7) 质量问题处理记录；

8) 现场实体检测及热工性能抽样检测报告；

9) 其他必须提供的资料。

(3) 相同材料和相同工艺做法的墙体砌筑工程，每 1000m，划分为一个检验批；不足 1000m² 的也应该划分为一个检验批，热桥处理保温工程验收的检验批划分应符合现行国家标准《建筑节能工程施工质量验收标准》GB 50411—2019 的有关规定。

(4) 检验批质量验收合格应符合下列规定：

1) 检验批应按主控项目和一般项目验收；

2) 主控项目应全部合格；

3) 一般项目应合格；当采用计数检验时，应有不少于90%的检查点合格，且其余检查点不得有严重缺陷；

4) 应具有完整的施工方案和质量检查记录。

2. 主控项目

(1) 用于烧结保温砌块墙体工程的相关材料，其品种、规格应符合设计规定和国家现行标准《预拌砂浆》GB/T 25181—2019、《模塑聚苯板薄抹灰外墙外保温系统材料》GB/T 29906—2013、《挤塑聚苯板（XPS）薄抹灰外墙外保温系统材料》GB/T 30595—2014、《建筑外墙外保温用岩棉制品》GB/T 25975—2018、《无机轻集料防火保温板通用技术要求》JG/T 435—2014、《钢筋混凝土用钢 第1部分：热轧光圆钢筋》GB/T 1499.1—2017、《钢筋混凝土用钢 第2部分：热轧带肋钢筋》GB/T 1499.2—2018 和《外墙外保温工程技术标准》JGJ 144—2019 的规定。应按进场批次，每批随机抽取3个试样进行外观观察检查、尺量检查，核查质量证明文件。

(2) 烧结保温砌块的密度、抗压强度、传热系数等级应符合设计规定，应全数核查质量证明文件、型式检验报告及进场复验报告。进场复验应为见证取样送检，检验项目及要求应符合下列规定：

1) 烧结保温砌块密度、抗压强度；

2) 烧结保温砌块墙体传热系数。

检查方法：随机抽样送检、核查复验报告。

检查数量：抽样原则按同一厂家、同一品种，当单位工程建筑面积在20000m²以下时各检测不少于1次；当单位工程建筑面积在20000m²以上时各检测不少于2次；同一施工许可证每个单位面积在800m²以下时，累计施工建筑面积每增加10000 m² 应增加1次，不足10000m²的按10000m²计。

(3) 砌筑砂浆的强度等级应符合设计规定，保水率应符合本标准的规定，应按现行国家标准《砌体结构工程施工质量验收规范》GB 50203—2011 的有关规定确定检查数量，检查砌筑砂浆试块抗压强度和保水率；薄层砌筑砂浆的保水率、14d拉伸粘结强度应符合本标准的规定，应按现行国家标准《砌体结构工程施工质量验收规范》GB 50203—2011 的有关规定确定检查数量，检查薄层砌筑砂浆拉伸粘结强度和保水率。

(4) 抹灰砂浆的保水率和拉伸粘结强度应符合本标准的规定，应按现行行业标准《抹灰砂浆技术规程》JGJ/T 220—2010 的有关规定确定检查数量，检查抹灰砂浆的保水率和拉伸粘结强度。

(5) 配套保温材料、玻纤网格布、粘结材料等材料进场应对其下列性能进行复验，复验应为见证取样送检，检验项目及要求应符合下列规定：

1) 保温材料抗压强度、导热系数；

2) 玻纤网格布的力学性能、抗腐蚀性能；

3) 粘结材料的粘结强度。

检查方法：随机抽样送检、核查复验报告。

检查数量：抽样原则按同一厂家、同一品种，当单位工程建筑面积在 20000m² 以下时各检测不少于 3 次；当单位工程建筑面积在 20000m² 以上时各检测不少于 6 次。

（6）墙体砌筑的水平灰缝饱满度不应低于 90%，垂直灰缝饱满度不应低于 80%。

检查方法：用百格网检查灰缝砂浆饱满度。

检查数量：每检验批抽查一次，每次应抽查 5 处，每处不得少于 3 个砌块。

（7）墙体应与混凝土主体结构可靠连接，接缝处理应符合本标准规定。

检查方法：对照设计进行目视和尺量检查，核查隐蔽工程验收记录。

检查数量：每检验批抽查不应少于 5 处连接缝处。

（8）热桥处理保温工程应符合下列规定：

1) 保温板的厚度应符合设计规定，且不得有负偏差；保温板应铺设平整并对缝严密；

2) 板与基层及各构造层之间的粘贴必须牢固，粘贴面积应符合设计规定。

检查方法：对照设计和施工方案目视检查保温处理的各层构造及其做法；保温材料厚度采用剖开尺量检查；粘贴面积剖开采用百格网检查，核查隐蔽工程验收记录。

检查数量：每检验批抽查不应少于 5 处。

3. 一般项目

（1）墙体留置的拉结钢筋或钢丝网片的位置应与块体皮数相符合。拉结钢筋或钢丝网片应置于灰缝中，埋置长度应符合设计规定，竖向位置偏差不应超过一皮高度。

检查方法：观察和尺量检查。

检查数量：每检验批抽查不应少于 5 处。

（2）墙体砌筑的允许偏差应符合表 2-25 的规定。

墙体砌筑的允许偏差　　　　表 2-25

项目		允许偏差(mm)	检查方法
轴线位移		8	用尺检查
垂直度	小于或等于 3m	5	用 2m 拖线板或吊线、尺检查
	大于 3m	10	
表面平整度		±3	用 2m 靠尺和塞尺检查
阴阳角方正		5	用直角检测尺检查

检查数量：每个检验批抽查不应少于 10 处。

（3）热桥部位保温处理应符合下列规定：

1) 玻纤网格布铺贴不得褶皱和外露，搭接应符合本标准规定；

2) 抹面胶浆抹压应密实，不得空鼓。

检查方法：目视检查，核查隐蔽工程验收记录。

检查数量：每个检验批抽查不应少于 5 处。

（4）抹灰表面平整度允许偏差不应大于 3mm。

检查方法：用 2m 靠尺和塞尺检查。

检查数量：每个检验批抽查不应少于 10 处。

第3章 新材料、新设备

第1节 混凝土新材料

3.1.1 活性粉末混凝土

活性粉末混凝土（Reactive Powder Concrete，RPC）是继高强、高性能混凝土之后，出现的一种力学性能、耐久性能都非常优越的新型建筑材料。它是以水泥和矿物掺合料等活性粉末材料、细骨料、外加剂、高强度微细钢纤维和/或有机合成纤维、水等原料生产的超高强增韧混凝土。

1. 分类、性能等级及标记

（1）分类

活性粉末混凝土可分为两类：用于现场浇筑的活性粉末混凝土（代号为 RC）和用于工厂化预制品的活性粉末混凝土（代号为 RP）。

（2）性能等级

活性粉末混凝土的力学性能等级应符合表 3-1 的规定。

活性粉末混凝土力学性能等级　　　　表 3-1

等级	抗压强度(MPa)	*抗折强度(MPa)	弹性模量(GPa)
RPC100	≥100	≥12	≥40
RPC120	≥120	≥14	≥40
RPC140	≥140	≥18	≥40
RPC160	≥160	≥22	≥40
RPC180	≥180	≥24	≥40

注：* 当对于混凝土的韧性或延性有特殊要求时，混凝土的等级可由抗折强度决定，抗压强度不应低于100MPa。

活性粉末混凝土的耐久性应符合表 3-2 的规定。

活性粉末混凝土的耐久性　　　　表 3-2

抗冻性(快冻法)	抗氯离子渗透性(电量法)*(C)	抗硫酸盐侵蚀性
≥F500	Q≤100	≥KS120

注：采用电量法测试活性粉末混凝土的抗氯离子渗透性时，试件不应掺加钢纤维等导电介质。

（3）标记

活性粉末混凝土应按下列顺序标记：力学性能等级代号＋制品或现浇品代号＋标准号。

示例：用于混凝土制品生产的活性粉末混凝土，力学性能等级为 RPC140，标记为：RPC140-RP-GB/T 31387。

示例：现场浇筑用的活性粉末混凝土，力学性能等级为 RPC100，标记为：RPC100-

RC-GB/T 31387。

2. 活性粉末混凝土特点

从工程应用角度来看，活性粉末混凝土有以下的优点。

（1）RPC可以有效地减轻结构物的自重

RPC具有很高的抗压强度和抗剪强度，在结构设计中可以采用更薄的截面或具有创新性的截面形状，从而使结构自重比普通混凝土结构轻得多。

（2）可以大幅度提高结构物的耐久性

RPC材料减小了界面过渡区的厚度与范围。骨料粒径的减小，其自身存在缺陷的概率减小，整个基体的缺陷也减少。RPC十分密实，孔隙率极低，它不但能够阻止放射性物质从内部泄漏，而且能够抵御外部侵蚀性介质的腐蚀，从整体上提高了体系均匀性、强度和耐久性。

（3）采用RPC设计的构件

极大地减少了箍筋和受力筋的用量，甚至可以不设置箍筋。

（4）RPC结构的高耐久性

极大地减少或免除了维护费用，延长了使用寿命，因而具有很高的性能价格比。

（5）RPC材料的高韧性和结构自重的减轻

有利于提高结构的抗震和抗冲击性能。

（6）RPC材料的耐高温性、耐火性

RPC材料的耐高温性、耐火性以及抗腐蚀能力远远高于钢材。

由上述RPC材料的优点可以看出，采用RPC材料可以延长结构寿命，免除维护费用，降低工程建设和使用的综合造价。

3. 活性粉末混凝土制备与应用

活性粉末混凝土可采用集中搅拌或现场搅拌方式生产。集中搅拌是指在工厂将各种干燥的固体原料预拌为固态混合物，运输到施工现场，加水与液体组分拌制成拌合物。预拌与运输应保证混合物不离析。搅拌、运输、浇筑及构件静停应在10℃以上的环境中完成。活性粉末混凝土拌合物从搅拌机卸入搅拌运输车至卸料时的时间不宜长于90min，如需延长运送时间，应采取有效技术措施，并通过试验验证。

RC类活性粉末混凝土应采用分层浇筑，每层的厚度不应大于300mm，层间不应出现冷缝。RP类活性粉末混凝土应采用平板振捣器或模外振捣器振捣成型。浇筑和成型过程中应保证活性粉末混凝土密实、纤维分布均匀以及构件的整体性，避免出现拌合物离析、分层以及纤维裸露出构件表面。在浇筑活性粉末混凝土过程中，应随机抽样制作同条件试件。同条件试件应在与结构或构件相同的环境条件中成型与养护。

4. 养护

（1）养护制度

RC类活性粉末混凝土浇筑完成后，应尽早覆盖，保湿养护7d以上。在同条件养护试件的抗压强度达到20MPa后拆模。养护时环境平均气温宜高于10℃，当平均气温低于10℃或最低气温低于5℃时，应按冬期施工过程处理，采取保湿措施。

RP类活性粉末混凝土成型后进行蒸气养护，养护过程分为两种方式：

1）静停、初养、终养及自然养护；

2) 静停、升温养护及自然养护。

(2) 养护方式

静停。RP类活性粉末混凝土成型后进行静停。静停时的环境温度应在10℃以上、相对湿度60%以上，静停时间不应少于6h。

初养。静停完毕的活性粉末混凝土构件应进行蒸气养护，升温速度不应大于12℃/h，升温至40℃后，保温（40±3℃）24h或直至同条件养护试件的抗压强度达到40MPa。再以不超过15℃/h的降温速度降至构件表面温度与环境温度之差不大于20℃的温度范围内。初养过程的环境相对湿度应保持在70%以上。

终养。初养完毕后进行拆模，拆模后的活性粉末混凝土构件再次进行蒸气养护，升温速度不应大于12℃/h，升温至70℃后，保持恒温（70±5℃）48h或直至同条件养护试件的抗压强度达到设计值。再以不超过15℃/h的降温速度降至构件表面温度与环境温度之差不大于20℃的温度范围内，并控制降温过程中混凝土表面不应快速出现裂缝（纹）。养护结束后，撤除保温设施，终养过程的环境相对湿度应保持在95%以上。

自然养护。气活性粉末混凝土构件终养结束后应进行自然养护，自然养护的环境平均气温宜高于10℃，构件表面应保持湿润不少于7d。当平均气温低于10℃或最低气温低于5℃时，应按冬期施工过程处理，采取保温措施。

升温养护气。静停完毕的活性粉末混凝土构件应进行蒸气养护，升温速度不应大于12℃/h，升温至70℃后，保持恒温（70±5℃）72h或直至同条件养护试件的抗压强度达到设计值。再以不超过15℃/h的降温速度降至构件表面温度与环境温度之差不大于20℃的温度范围内，升温养护过程的环境相对湿度应保持在95%以上。升温养护结束后可拆模，拆模时构件表面温度与环境温度之差不应大于20℃。

3.1.2 高耐久性混凝土

1. 技术内容

高耐久性混凝土是通过对原材料的质量控制、优选及施工工艺的优化控制，合理掺加优质矿物掺合料或复合掺合料，采用高效（高性能）减水剂制成的具有良好工作性、满足结构所要求的各项力学性能、耐久性优异的混凝土。

(1) 原材料和配合比的要求

1) 水胶比（W/B）≤0.38；

2) 水泥必须采用符合现行国家标准规定的水泥，如硅酸盐水泥或普通硅酸盐水泥等，不得选用立窑水泥；水泥比表面积宜小于350m^2/kg，不应大于380m^2/kg；

3) 粗骨料的压碎值≤10%，宜采用分级供料的连续级配，吸水率小于1.0%，且无潜在碱骨料反应危害；

4) 采用优质矿物掺合料或复合掺合料及高效（高性能）减水剂是配制高耐久性混凝土的特点之一。优质矿物掺合料主要包括硅灰、粉煤灰、磨细矿渣粉及天然沸石粉等，所用的矿物掺合料应符合国家现行有关标准，且宜达到优品级，对于沿海港口、滨海盐田、盐渍土地区，可添加防腐阻锈剂、防腐流变剂等。矿物掺合料等量取代水泥的最大量宜为：硅粉≤10%，粉煤灰≤30%，矿渣粉≤50%，天然沸石粉≤10%，复合掺合料≤50%；

5) 混凝土配制强度可按式(3-1)计算：

$$f_{cu,0} \geq f_{cu,k} + 1.645\sigma \tag{3-1}$$

式中，$f_{cu,0}$——混凝土配制强度（MPa）；

$f_{cu,k}$——混凝土立方体抗压强度标准值（MPa）；

σ——强度标准差，无统计数据时，预拌混凝土可按《普通混凝土配合比设计规程》JGJ 55—2011 的规定取值。

（2）耐久性设计要求

对处于严酷环境的混凝土结构的耐久性，应根据工程所处环境条件，按《混凝土结构耐久性设计标准》GB/T 50476—2019 进行耐久性设计，考虑的环境劣化因素及采取措施有以下几点。

1) 抗冻害耐久性要求：

①根据不同冻害地区确定最大水胶比；②应确定不同冻害地区的抗冻耐久性指数 DF 或抗冻等级；③受除冰盐冻融循环作用时，应满足单位面积剥蚀量的要求；④处于有冻害环境的，应掺入引气剂，引气量应达到 3%～5%。

2) 抗盐害耐久性要求：

①根据不同盐害环境确定最大水胶比；②抗氯离子的渗透性、扩散性，宜以 56d 龄期电通量或 84d 氯离子迁移系数来确定，一般情况下，56d 电通量宜小于等于 800C，84d 氯离子迁移系数宜小于等于 $2.5 \times 10^{-12} m^2/s$；③混凝土表面裂缝宽度应符合规范要求。

3) 抗硫酸盐腐蚀耐久性要求：

①用于硫酸盐侵蚀较为严重的环境，水泥熟料中的 C_3A 不宜超过 5%，宜掺加优质的掺合料并降低单位用水量；②根据不同硫酸盐腐蚀环境，确定最大水胶比、混凝土抗硫酸盐侵蚀等级；③混凝土抗硫酸盐侵蚀等级宜不低于 KS120。

对于腐蚀环境中的水下灌注桩，为解决其耐久性和施工问题，宜掺入具有防腐和流变性能的矿物外加剂，如防腐流变剂等。

4) 抑制碱-骨料反应有害膨胀的要求：

①混凝土中碱含量应小于 $3.0 kg/m^3$；②在含碱环境或高湿度条件下，应采用非碱活性骨料；③对于重要工程，应采取抑制碱骨料反应的技术措施。

2. 技术指标

（1）工作性

根据工程特点和施工条件，确定合适的坍落度或扩展度指标；和易性良好；坍落度经时损失满足施工要求，具有良好的充填模板和通过钢筋间隙的性能。

（2）力学及变形性能

混凝土强度等级宜大于等于 C40；体积稳定性好，弹性模量与同强度等级的普通混凝土基本相同。

（3）耐久性

可根据具体工程情况，按照《混凝土结构耐久性设计标准》GB/T 50476—2019、《混凝土耐久性检验评定标准》JGJ/T 193—2009 及上述技术内容中的耐久性技术指标进行控制；对于极端严酷环境和重大工程，宜针对性地开展耐久性专题研究。

耐久性试验方法宜采用《普通混凝土长期性能和耐久性能试验方法标准》GB/T 50082—2009 和《预防混凝土碱骨料反应技术规范》GB/T 50733—2011 规定的方法。

3. 适用范围

高耐久性混凝土适用于对耐久性要求高的各类混凝土结构工程，如内陆港口与海港、地铁与隧道、滨海地区盐渍土环境工程等，包括桥梁及设计使用年限 100 年的混凝土结构，以及其他严酷环境中的工程。

第 2 节　混凝土外加剂

混凝土外加剂是一种在混凝土搅拌之前或拌制过程中加入的，用以改善新拌混凝土和/或硬化混凝土性能的材料。

(1) 外加剂的作用

1) 改善混凝土拌合物的和易性，利于机械化施工，保证混凝土的浇筑质量；
2) 减少养护时间，加快模板周转，提早对预应力混凝土扩张，加快施工进度；
3) 提高混凝土的强度，增加混凝土的密实度、耐久性、抗渗性等，提高混凝土的质量；
4) 节约水泥，降低混凝土的成本。

(2) 外加剂的分类

混凝土外加剂的种类繁多，根据《混凝土外加剂术语》GB/T 8075—2017 要求，通常分为以下几种：

1) 改善混凝土拌合物流变性能的外加剂，包括各种减水剂和泵送剂等；
2) 调节混凝土凝结时间、硬化性能的外加剂，包括缓凝剂、早强剂和速凝剂等；
3) 改善混凝土耐久性的外加剂，包括引气剂、防水剂和阻锈剂等；
4) 改善混凝土其他性能的外加剂，包括膨胀剂、防冻剂和着色剂等。

目前，建筑工程中应用较多和较成熟的外加剂有减水剂、早强剂、引气剂等。

3.2.1　高性能减水剂

高性能减水剂是指在混凝土坍落度基本相同的条件下，减水率不小于 25%，与高效减水剂相比坍落度保持性能好、干燥收缩小，且具有一定引气性能的减水剂。目前使用的高性能减水剂是聚羧酸系高性能减水剂，是以羧基不饱和单体和其他单体合成的聚合物为母体的减水剂。

1. 分类

根据《聚羧酸系高性能减水剂》JG/T 223—2017 要求，按产品类型分，详见表 3-3。

聚羧酸系高性能减水剂的类型　　　　表 3-3

名称	代号	名称	代号
标准型	S	缓释型	SR
早强型	A	减缩型	RS
缓凝型	R	防冻型	AF

按产品形态分类，可分为液体（L）和粉体（P）。

2. 标记

聚羧酸系高性能减水剂按产品代号（PCE）、类型、形态和标准编号进行标记。示例：液体的防冻型聚羧酸系高性能减水剂标记为：

PCE-AF-L-JG/T 223—2017

3. 性能

聚羧酸系高性能减水剂的甲醛含量（按折固含量）不大于 300mg/kg，氯离子含量（按折固含量）不大于 0.1%。总碱量、细度、pH 值应在生产厂家控制范围内，含固量、含水率和密度应符合《混凝土外加剂》GB 8076—2008 的规定。掺聚羧酸系高性能减水剂的混凝土性能应符合表 3-4 的要求。

掺聚羧酸系高性能减水剂的混凝土性能指标 表 3-4

项目		产品类型					
		标准型 S	早强型 A	缓凝型 R	缓释型 SR	减缩型 RS	防冻型 AF
减水率(%)		≥25					
泌水率比(%)		≤60	≤50	≤70	≤70	≤60	≤60
含气量(%)		≤6.0					2.5～6.0
凝结时间 (min)	初凝	−90～+120	−90～+90	>+120	>+30	−90～+120	−150～+90
	终凝			—	—		
坍落度经时损失 [mm(1h)]		≤+80	—	—	≤−70(1h) ≤−60(2h) ≤−60(3h)且 >−120	≤+80	≤+80
抗压强 度比(%)	1d	≥170	≥180	—	—	≥170	—
	3d	≥160	≥170	≥160	≥160	≥160	—
	7d	≥150					—
	28d	≥140					—
收缩率比(%)		≤110					—
50 次冻融强度 损失率比(%)		—					≤90

注：坍落度损失正号表示坍落度经时损失的增加，负号表示坍落度经时损失的减少。

4. 应用

聚羧酸类高性能减水剂其主要特点为：

（1）掺量低（按照固体含量计算，一般为胶凝材料质量的 0.15%～0.25%），减水率高。

（2）混凝土拌合物工作性及保持性较好。

（3）外加剂中氯离子和碱含量较低。

（4）用其配制的混凝土收缩率较小，可改善混凝土的体积稳定性和耐久性。

（5）对水泥的适应性较好。

（6）生产和使用过程中不污染环境，是环保型的外加剂。

聚羧酸系高性能减水剂可用于素混凝土、钢筋混凝土和预应力混凝土。

聚羧酸系高性能减水剂宜用于高强混凝土、自密实混凝土、泵送混凝土、清水混凝土、预制构件混凝土和钢管混凝土；宜用于具有高体积稳定性、高耐久性或高工作性要求的混凝土；宜用于大体积混凝土；不宜用于日最低气温 5℃ 以下施工的混凝土。

聚羧酸系高性能减水剂进场检验项目应包括 pH 值、密度（或细度）、含固量（或含水率）、减水率，早强型聚羧酸系高性能减水剂应测 1d 抗压强度比，缓凝型聚羧酸系高性能减水剂还应检验凝结时间差。

3.2.2 膨胀剂

膨胀剂是指在混凝土硬化过程中因化学作用能使混凝土产生一定体积膨胀的外加剂。

1. 分类

根据《混凝土膨胀剂》GB/T 23439—2017 的要求，混凝土膨胀剂按水化产物分为：硫铝酸钙类混凝土膨胀剂（A）、氧化钙类混凝土膨胀剂（C）和硫铝酸钙-氧化钙类混凝土膨胀剂（AC）。硫铝酸钙类混凝土膨胀剂与水泥、水拌合后经水化反应生成钙矾石；氧化钙类混凝土膨胀剂与水泥、水拌合后经水化反应生成氢氧化钙；硫铝酸钙-氧化钙类混凝土膨胀剂与水泥、水拌合后经水化反应生成钙矾石和氢氧化钙。

混凝土膨胀剂按限制膨胀率分为Ⅰ型和Ⅱ型。

2. 标记

混凝土膨胀剂产品名称标注为 EA，按下列顺序进行标记：产品名称、代号、型号、标准号。示例：Ⅰ型硫铝酸钙类混凝土膨胀剂的标记为：

EA A Ⅰ GB/T 23439—2017

3. 性能

混凝土膨胀剂的物理性能指标应符合表 3-5 的规定。

混凝土膨胀剂性能指标　　表 3-5

项目			指标值	
			Ⅰ型	Ⅱ型
细度	比表面积(m^2/kg)	≥	200	
	1.18mm 筛筛余(%)	≤	0.5	
凝结时间	初凝(min)	≥	45	
	终凝(min)	≤	600	
限制膨胀率(%)	水中 7d	≥	0.035	0.050
	空气中 21d	≥	−0.015	−0.010
抗压强度(MPa)	7d	≥	22.5	
	28d	≥	42.5	

4. 应用

用膨胀剂配制的补偿收缩混凝土宜用于混凝土结构自防水、工程接缝、填充灌浆，采取连续施工的超长混凝土结构、大体积混凝土工程等；用膨胀剂配制的自应力混凝土宜用于自应力混凝土输水管、灌注桩等。

含硫铝酸钙类、硫铝酸钙-氧化钙类膨胀剂配制的混凝土（砂浆）不得用于长期环境温度为 80℃以上的工程。

膨胀剂应用于钢筋混凝土工程和填充性混凝土工程。

第 3 节　新型防水、密封、防火、防腐材料

3.3.1 高分子聚合物改性沥青防水卷材

防水卷材是一种具有一定宽度和厚度的能够卷曲成卷状的带状定型防水材料。防水卷

材是建筑防水工程中应用的主要材料，约占整个防水材料的 90%。防水卷材的品种很多，除了传统的沥青防水卷材外，近年来研制出不少性能优良的新型防水卷材，如各种弹性或弹塑性的高分子聚合物改性沥青防水卷材以及橡胶改性沥青为主的新型防水材料，这些新型防水卷材具有使用年限长、技术性能好、冷施工、操作简单、污染性低等特点，可以克服传统的纯沥青、纸胎油毡低温柔性差、延伸率较低、拉伸强度及耐久性比较差等缺点，改善其各项技术性能，有效提高防水质量。

高分子聚合物改性沥青防水卷材，是以合成高分子聚合物改性沥青为涂盖层，纤维织物或纤维毡为胎体，粉状、粒状、片状和薄膜材料为覆盖面制成的可卷曲的片状防水材料。常用的高分子聚合物改性沥青防水卷材有弹性体改性沥青防水卷材、塑性体改性沥青防水卷材。

弹性体改性沥青防水卷材（SBS 防水卷材），是以聚酯毡、玻纤毡、玻纤增强聚酯毡为胎基，以苯乙烯-丁二烯-苯乙烯（SBS）热塑性弹性体作为石油沥青改性剂，两面覆以隔离材料所制成的防水卷材。

塑性体改性沥青防水卷材（APP 防水卷材），是以聚酯毡、玻纤毡、玻纤增强聚酯毡为胎基，以无规聚丙烯（APP）或聚烯烃类聚合物（APAO、APO 等）作为石油沥青改性剂，两面覆以隔离材料所制成的防水卷材。

1. 分类

（1）按胎基分为聚酯毡（PY）、玻纤毡（G）和玻纤增强聚酯毡（PYG）。

（2）按上表面隔离材料分为聚乙烯膜（PE）、细砂（S）和矿物粒料（M）；按下表面隔离材料分为细砂（S）和聚乙烯膜（PE）。

（3）按材料性能分为Ⅰ型和Ⅱ型。

2. 规格

卷材公称宽度为 1000mm。

聚酯毡卷材公称厚度为 3mm、4mm、5mm。

玻纤毡卷材公称厚度为 3mm、4mm。

玻纤增强聚酯毡公称厚度为 5mm。

每卷卷材公称面积为 $7.5m^2$、$10m^2$、$15m^2$。

3. 标记

产品按名称、型号、胎基、上表面材料、下表面材料、厚度、面积和标准号顺序标记。示例：$10m^2$ 面积、3mm 厚上表面为矿物粒料、下表面为聚乙烯聚酯毡Ⅰ型弹性体改性沥青防火卷材标记为：

SBS Ⅰ PY M PE 3 10 GB 18242—2008

$10m^2$ 面积、3mm 厚上表面为矿物粒料、下表面为聚乙烯聚酯毡Ⅰ型塑性体改性沥青防火卷材标记为：

APP Ⅰ PY M PE 3 10 GB 18243—2008

4. 性能

SBS 防水卷材具有较高的弹性、延伸率、耐疲劳性和低温柔性，主要用于屋面及地下室防水，尤其适用寒冷地区。以冷法施工或热熔铺贴，适于单层铺设或复合使用。SBS 防水卷材的物理性能及其他技术指标见表 3-6、表 3-7。

SBS 防水卷材的物理性能 表 3-6

序号	项目			指标 I PY	I G	II PY	II G	II PYG
1	可溶物含量(g/m²) ≥		3mm	2100	2100	—	—	—
			4mm	2900	2900	2900	2900	—
			5mm	3500	3500	3500	3500	3500
			试验现象	—	胎基不燃	—	胎基不燃	—
2	耐热性		℃	90	90	105	105	105
			≤mm	2	2	2	2	2
			试验现象	无流淌、滴落				
3	低温柔性(℃)			−20	−20	−25	−25	−25
				无裂缝				
4	不透水性 30min			0.3MPa	0.2MPa	0.3MPa	0.3MPa	0.3MPa
5	拉力	最大峰拉力(N/50mm) ≥		500	350	800	500	900
		次高峰拉力(N/50mm) ≥		—	—	—	—	800
		试验现象		拉伸过程中,试件中部无沥青涂盖层开裂或与胎基分离现象				
6	延伸率	最大峰时延伸率(%) ≥		30	—	40	—	—
		第二峰时延伸率(%) ≥		—	—	—	—	15
7	浸水后质量增加(%) ≤	PE、S		1.0				
		M		2.0				
8	热老化	拉力保持率(%) ≥		90				
		延伸保持率(%) ≥		80				
		低温柔性(℃)		−15	−15	−20	−20	−20
				无裂缝				
		尺寸变化率(%) ≤		0.7	—	0.7	—	0.3
		质量损失(%) ≤		1.0				
9	渗油性	张数 ≤		2				
10	接缝剥离强度(N/mm) ≥			1.5				
11	钉杆撕裂强度ᵃ(N) ≥			—	—	—	—	300
12	矿物粒料粘附性ᵇ(g) ≤			2.0				
13	卷材下表面沥青涂盖层厚度ᶜ(mm) ≥			1.0				
14	人工气候加速老化	外观		无滑动、流淌、滴落				
		拉力保持率(%) ≥		80				
		低温柔性(℃)		−15	−15	−20	−20	−20
				无裂缝				

a 仅适用于单层机械固定施工方式卷材;
b 仅适用于矿物粒料表面的卷材;
c 仅适用于热熔施工的卷材。
注:表中 PY——聚酯毡;G——玻纤毡;PYG——玻纤增强聚酯毡;PE——聚乙烯膜;S——细砂;M——矿物粒料。

SBS 防水卷材的面积质量、面积及厚度 表 3-7

规格(公称厚度)(mm)		3			4			5		
上表面材料		PE	S	M	PE	S	M	PE	S	M
下表面材料		PE	PE、S		PE	PE、S		PE	PE、S	
面积(m²/卷)	公称面积	10、15			10、7.5			7.5		
	允许偏差	±0.10			±0.10			±0.10		
单位面积质量/(kg/m²) ≥		3.3	3.5	4.0	4.3	4.5	5.0	5.3	5.5	6.0
厚度(mm)	平均值≥	3.0			4.0			5.0		
	最小单值	2.7			3.7			4.7		

APP 改性沥青防水卷材是以 APP（无规聚丙烯）树脂改性沥青浸涂玻璃纤维或聚酯纤维（布或毡）胎基，上表面撒以细矿物粒料，下表面覆以塑料薄膜制成的防水卷材。这类卷材弹塑性好，具有突出的热稳定性和抗强光辐射性，适用于高温和有强烈太阳辐射地区的屋面防水。单层铺设，可冷、热施工。其物理力学性能及技术指标见表 3-8。

APP 改性沥青防水卷材的物理性能 表 3-8

序号	项目			指标				
				I		II		
				PY	G	PY	G	PYG
1	可溶物含量(g/m²) ≥		3mm	2100		—		
			4mm	2900				
			5mm			3500		
			试验现象	—	胎基不燃	—	胎基不燃	—
2	耐热性		℃	110		130		
			≤mm	2				
			试验现象	无流淌、滴落				
3	低温柔性(℃)			−7		−15		
				无裂缝				
4	不透水性 30min			0.3MPa	0.2MPa	0.3MPa		
5	拉力	最大峰拉力(N/50mm) ≥		500	350	800	500	900
		次高峰拉力(N/50mm) ≥		—				800
	试验现象			拉伸过程中，试件中部无沥青涂盖层开裂或与胎基分离现象				
6	延伸率	最大峰时延伸率(%) ≥		25	—	40		
		第二峰时延伸率(%) ≥						15
7	浸水后质量增加(%) ≤	PE、S		1.0				
		M		2.0				
8	热老化	拉力保持率(%) ≥		90				
		延伸保持率(%) ≥		80				
		低温柔性(℃)		−2		−10		
				无裂缝				
		尺寸变化率(%) ≤		0.7	—	0.7	—	0.3
		质量损失(%) ≤		1.0				

续表

序号	项目		指标				
			I		II		
			PY	G	PY	G	PYG
9	接缝剥离强度(N/mm)	≥	1.0				
10	钉杆撕裂强度a(N)	≥	—				300
11	矿物粒料粘附性b(g)	≤	2.0				
12	卷材下表面沥青涂盖层厚度c(mm)	≥	1.0				
13	人工气候加速老化	外观	无滑动、流淌、滴落				
		拉力保持率(%) ≥	80				
		低温柔性(℃)	−2		−10		
			无裂缝				

a 仅适用于单层机械固定施工方式卷材;
b 仅适用于矿物粒料表面的卷材;
c 仅适用于热熔施工的卷材。

5. 应用

高分子聚合物改性沥青防水卷材主要适用于工业与民用建筑的屋面和地下防水工程。

玻纤增强聚酯毡防水卷材可用于机械固定单层防水,但须通过抗风荷载试验。

玻纤毡防水卷材适用于多层防水中的底层防水。

外露使用采用上表面隔离材料为不透明的矿物粒料的防水卷材。

地下工程防水采用表面隔离材料为细砂的防水卷材。

3.3.2 聚合物乳液建筑防水涂料

聚合物乳液建筑防水涂料是以聚合物乳液为主要原料,加入其他添加剂而制得的单组分水乳型防水涂料,适用于在非长期浸水环境下的建筑防水工程。

1. 分类

产品按物理性能分为I类和II类。I类产品不用于外露场合。

2. 标记

产品按下列顺序标记:产品名称、分类、标准编号。

示例:I类聚合物乳液建筑防水涂料标记为:

聚合物乳液建筑防水涂料 I JC/T 864—2008。

3. 性能

产品经搅拌后无结块,呈均匀状态。产品物理力学性能应符合表3-9要求。

物理力学性能　　　　表3-9

序号	试验项目		指标	
			I	II
1	拉伸强度(MPa)	≥	1.0	1.5
2	断裂伸长率(%)	≥	300	
3	低温柔性,绕直径10mm棒弯180°		−10℃,无裂纹	−20℃,无裂纹

续表

序号	试验项目		指标	
			Ⅰ	Ⅱ
4	不透水性(0.3MPa,30min)		不透水	
5	固体含量(%) ≥		65	
6	干燥时间	表干时间 ≤	4	
		实干时间 ≤	8	
7	处理后的断裂伸长率(%)	加热处理 ≥	80	
		碱处理 ≥	60	
		酸处理 ≥	40	
		人工气候老化处理a ≥	—	80～150
8	处理后的拉伸强度保持率(%)	加热处理 ≥	200	
		碱处理 ≥		
		酸处理 ≥		
		人工气候老化处理a ≥	—	200
9	加热伸缩率	伸长 ≤	1.0	
		缩短 ≤	1.0	

a 仅用于外露使用产品。

3.3.3 硅酮和改性硅酮建筑密封胶

硅酮建筑密封胶是以聚硅氧烷为主要成分,室温固化的单组分和多组分密封胶,按固化体系分为酸性和中性。改性硅酮建筑密封胶是以端硅烷基聚醚为主要成分,室温固化的单组分和多组分密封胶。

1. 类型

(1) 产品按组分分为单组分(Ⅰ)和多组分(Ⅱ)两个类型。

(2) 硅酮建筑密封胶按用途分为三类:

F 类——建筑接缝用;

Gn 类——普通装饰装修镶装玻璃用,不适用于中空玻璃;

Gw 类——建筑幕墙非结构性装配用,不适用于中空玻璃。

(3) 改性硅酮建筑密封胶按用途分为两类:

F 类——建筑接缝用;

R 类——干缩位移接缝用,常用于装配式混凝土外挂墙板接缝。

2. 级别

产品按位移能力进行分级,见表3-10。

密封胶级别　　　　　　　　表3-10

级别	试验拉压幅度(%)	位移能力(%)	级别	试验拉压幅度(%)	位移能力(%)
50	±50	50.0	25	±25	25.0
35	±35	35.0	20	±20	20.0

按产品的拉伸模量分为高模量(HM)和低模量(LM)两个次级别。

3. 标记

硅酮建筑密封胶标记为 SR，改性硅酮建筑密封胶标记为 MS。

产品按名称、标准编号、类型、级别、次级别顺序标记。

示例 1：符合《硅酮和改性硅酮建筑密封胶》GB/T 14683—2017，单组分，镶装玻璃用，25 级，高模量，硅酮建筑密封胶标记为：

硅酮建筑密封胶(SR) GB/T 14683-Ⅰ-Gn-25HM

示例 2：符合《硅酮和改性硅酮建筑密封胶》GB/T 14683—2017，多组分，干缩位移接缝用，20 级，低模量，改性建筑密封胶为例，其标记为：

改性硅酮建筑密封胶(MS) GB/T 14683-Ⅱ-R-20LM

4. 性能

产品外观应为细腻、均匀膏状物，不应有气泡、结皮或凝胶。

硅酮建筑密封胶（SR）的理化性能应符合表 3-11 的规定。

硅酮建筑密封胶（SR）的理化性能　　　　　　　　表 3-11

序号	项目		技术指标							
			50LM	50HM	35LM	35HM	25LM	25HM	20LM	20HM
1	密度(g/cm^3)		规定值±0.1							
2	下垂度(mm)		≤3							
3	表干时间^a(h)		≤3							
4	挤出性(mL/min)		≥150							
5	适用期^b		供需双方商定							
6	弹性恢复率(%)		≥80							
7	拉伸模量(MPa)	23℃	≤0.4 和 ≤0.6	>0.4 和 >0.6	≤0.4 和 ≤0.6	>0.4 和 >0.6	≤0.4 和 ≤0.6	>0.4 和 >0.6	≤0.4 和 ≤0.6	>0.4 和 >0.6
		−20℃								
8	定伸粘结性		无破坏							
9	浸水后拉伸粘结性		无破坏							
10	冷拉-热压后粘结性		无破坏							
11	紫外线辐照后粘结性^c		无破坏							
12	浸水光照后粘结性^d		无破坏							
13	质量损失率(%)		≤8							
14	烷烃增塑剂^e		不得检出							

a 允许采用供需双方商定的其他指标值；
b 仅适用于多组分产品；
c 仅适用于 Gn 类产品；
d、e 仅适用于 Gw 类产品。

改性硅酮建筑密封胶（MS）的理化性能应符合表 3-12 的规定。

改性硅酮建筑密封胶（MS）的理化性能　　　表 3-12

序号	项目		25LM	25HM	25LM	20HM	20LM-R
			技术指标				
1	密度(g/cm³)		规定值±0.1				
2	下垂度(mm)		≤3				
3	表干时间(h)		≤24				
4	挤出性[a](mL/min)		≥150				
5	适用期[b](min)		≥30				
6	弹性恢复率(%)		≥70	≥70	≥760	≥60	—
7	定伸永久变形(%)		—	—	—	—	＞50
8	拉伸模量(MPa)	23℃	≤0.4 和 ≤0.6	＞0.4 和 ＞0.6	≤0.4 和 ≤0.6	＞0.4 和 ＞0.6	≤0.4 和 ≤0.6
		−20℃					
9	定伸粘结性		无破坏				
10	浸水后拉伸粘结性		无破坏				
11	冷拉-热压后粘结性		无破坏				
12	质量损失率(%)		≤5				

a 仅适用于单组分产品；
b 仅适用于多组分产品；允许采用供需双方商定的其他指标值。

5. 应用

硅酮建筑密封胶具有优异的耐热、耐寒性和良好的耐候性；与各种材料都有较好的粘结性能；耐拉伸、耐水性好。F 类为建筑接缝用密封胶，适用于预制混凝土墙板、水泥板、大理石板的外墙接缝，混凝土和金属框架的粘结，卫生间和公路接缝的防水密封等；G 类为镶装玻璃用密封胶，主要用于镶嵌玻璃和建筑门、窗的密封；R 类为干缩位移接缝用，常用于装配式混凝土外挂墙板接缝。

3.3.4 丙烯酸酯类密封胶

丙烯酸酯类密封胶是丙烯酸树脂掺入增塑剂、分散剂、碳酸钙、增量剂等配制而成，有溶剂型和水乳型两类，最常用为水乳型。

1. 分类

（1）级别

产品按位移能力分为 12.5 和 7.5 两个级别。

12.5 级为位移能力 12.5%，其试验拉伸压缩幅度为±12.5%；7.5 级为位移能力 7.5%，其试验拉伸压缩幅度为±7.5%。

（2）次级别

12.5 级密封胶按其弹性恢复率分为两个次级别：

弹性体（记号 12.5E）：弹性恢复率≥40%；

塑性体（记号 12.5P 和 7.5P）：弹性恢复率＜40%。

12.5E 级为弹性密封胶，主要用于接缝密封。

12.5P 和 7.5P 级为塑性密封胶，主要用于一般装饰装修工程的填缝。

12.5E、12.5P 和 7.5P 级产品均不宜用于长期浸水部位。

(3) 产品标记

产品按下列顺序标记：名称、级别、次级别、标准号。

示例：12.5 级丙烯酸酯密封胶标记为：丙烯酸酯密封胶 12.5E JC/T 484—2006。

2. 性能

丙烯酸酯类密封胶产品外观为无结块、无离析的均匀细腻状膏体。

丙烯酸酯类密封胶的物理力学性能见表 3-13。

物理力学性能　　　　表 3-13

序号	项目	技术指标		
		12.5E	12.5P	7.5P
1	密度(g/cm^3)	规定值±0.1		
2	下垂度(mm)	≤3		
3	表干时间(h)	≤1		
4	挤出性(mL/min)	≥100		
5	弹性恢复率(%)	≥40	报告实测值	
6	定伸粘结性	无破坏	—	
7	浸水后定伸粘结性	无破坏	—	
8	冷拉-热压后粘结性	无破坏	—	
9	断裂伸长率(%)	—	≥100	
10	浸水后断裂伸长率(%)	—	≥100	
11	同一温度下拉伸-压缩循环后粘结性		无破坏	
12	低温柔性(℃)	−20		−5
13	体积变化率(%)	≤30		

丙烯酸酯类密封胶在一般建筑基底上不产生污渍，具有优良的耐紫外线性和耐油性、粘结性、延伸性、耐低温性、耐热性和耐老化性，并且以水为稀释剂，黏度较小，无污染、无毒、不燃，安全可靠，价格适中，可配成各种颜色，操作方便，干燥速度快，保存期长。但固化后有 15%～20% 的收缩率，应用时应予事先考虑。

3. 应用

丙烯酸酯类密封胶应用范围广泛，可用于钢、铝、混凝土、玻璃和陶瓷等材料的嵌缝防水以及用作钢窗、铝合金窗的玻璃腻子等。还可用于各种预制墙板、屋面板、门窗、卫生间等的接缝密封防水及裂缝修补。但丙烯酸酯类密封胶耐水性不好，不宜用于经常泡在水中的工程，如广场、公路、桥面等有交通往来的接缝中及水池、污水厂、灌溉系统堤坝等水下接缝。

3.3.5　钢结构防火防腐材料

1. 防腐涂料涂装

在涂装前，必须对钢构件表面进行除锈。除锈方法应符合设计要求或根据所用涂层类型的需要确定，并达到设计规定的除锈等级。常用的除锈方法有喷射除锈、抛射除锈、手工和动力工具除锈等。涂料的配置应按涂料使用说明书的规定执行，当天使用的涂料应当天配置，不得随意添加稀释剂。涂装施工可采用刷涂、滚涂、空气喷涂和高压无气喷涂等方法。宜在温度、湿度合适的封闭环境下，根据被涂物体的大小、涂料品种及设计要求，选择合适的涂装方法。构件在工厂加工涂装完毕，现场安装后，针对节点区域及损伤区域须进行二次涂装。

近年来，水性无机富锌漆凭借优良的防腐性能，外加耐光耐热好、使用寿命长等特点，常用于对环境和条件要求苛刻的钢结构领域。

2. 防火涂料涂装

防火涂料分为薄涂型和厚涂型两种，薄涂型防火涂料通过遇火灾后涂料受热材料膨胀延缓钢材升温，厚涂型防火涂料通过防火材料吸热延缓钢材升温，应用时应根据工程情况选取使用。

薄涂型防火涂料的底涂层（或主涂层）宜采用重力式喷枪喷涂，其压力约为0.4MPa。局部修补和小面积施工，可用手工涂抹。面涂层装饰涂料可刷涂、喷涂或滚涂。双组分装薄涂型涂料，现场应按说明书规定调配；单组分薄涂型涂料应充分搅拌。喷涂后，不应发生流淌和下坠。

厚涂型防火涂料宜采用压送式喷涂机喷涂，空气压力为0.4~0.6MPa，喷枪口直径宜为6~10mm。配料时应严格按配合比加料和稀释剂，并使稠度适宜，当班使用的涂料应当班配制。厚涂型防火涂料施工时应分遍喷涂，每遍喷涂厚度宜为5~10mm，必须在前一遍基本干燥或固化后，再喷涂下一遍，涂层保护方式、喷涂遍数与涂层厚度应根据施工方案确定。操作者应用测厚仪随时检测涂层厚度，80%及以上面积的涂层总厚度应符合有关耐火极限的设计要求，且最薄处厚度不应低于设计要求的85%。

钢结构防火涂层不应有误涂、漏涂，涂层应闭合，无脱层、空鼓、明显凹陷、粉化松散和浮浆等外观缺陷，乳突已剔出；保护裸露钢结构及露天钢结构的防火涂层的外观应平整，颜色装饰应符合设计要求。

3. 技术指标

（1）防腐涂料涂装技术指标

防腐涂料中环境污染物的含量应符合《民用建筑工程室内环境污染控制标准》GB 50325—2020的规定和要求。涂装之前钢材表面除锈等级应符合设计要求，设计无要求时应符合《涂覆涂料前钢材表面处理 表面清洁度的目视评定 第1部分：未涂覆过的钢材表面和全面清除原有涂层后的钢材表面的锈蚀等级和处理等级》GB/T 8923.1—2011的规定评定等级。涂装施工环境的温度、湿度、基材温度要求，应根据产品使用说明确定，无明确要求的，宜按照环境温度5~38℃，空气湿度小于85%，基材表面温度高于露点3℃以上的要求控制，雨、雪、雾、大风等恶劣天气严禁户外涂装。涂装遍数、涂层厚度应符合设计要求，当设计对涂层厚度无要求时，涂层干漆膜总厚度：室外应为150μm，室内应为125μm，允许偏差为－25μm。每遍涂层干膜厚度的允许偏差为－5μm。

当钢结构处在有腐蚀介质或露天环境且设计有要求时，应进行涂层附着力测试，可按照现行国家标准《漆膜附着力测定法》GB 1720—1979或《色漆和清漆 漆膜的划格试验》GB/T 9286—1998执行。在检测范围内，涂层完整程度达到70%以上即为合格。

(2) 防火涂料涂装技术指标

钢结构防火材料的性能、涂层厚度及质量要求应符合《钢结构防火涂料》GB 14907—2018 和《钢结构防火涂料应用技术规程》T/CECS 24—2020 的规定和设计要求，防火材料中环境污染物的含量应符合《民用建筑工程室内环境污染控制标准》GB 50325—2020 的规定和要求。

钢结构防火涂料生产厂家必须有防火监督部门核发的生产许可证。防火涂料应通过国家检测机构检测合格。产品必须具有国家检测机构的耐火极限检测报告和理化性能检测报告，并应附有涂料品种、名称、技术性能、制造批量、贮存期限和使用说明书。在施工前应复验防火涂料的粘结强度和抗压强度。防火涂料施工过程中和涂层干燥固化前，环境温度宜保持在 5~38℃，相对湿度不宜大于 90%，空气应流通。当风速大于 5m/s，或雨天和构件表面有结露时，不宜作业。

4. 适用范围

钢结构防腐涂装技术适用于各类建筑钢结构。

薄涂型防火涂料涂装技术适用于工业、民用建筑楼盖与屋盖钢结构；厚涂型防火涂料涂装技术适用于有装饰面层的民用建筑钢结构柱、梁。

第 4 节　绿色建筑与绿色建材

3.4.1　自保温混凝土复合砌块

自保温混凝土复合砌块是通过在骨料中加入轻质骨料和（或）在实心混凝土块孔洞中填插保温材料等工艺生产的，其所砌筑墙体具有保温功能，简称自保温砌块（SIB）。

1. 类别

按自保温砌块复合类型可分为Ⅰ、Ⅱ、Ⅲ三类。Ⅰ类是指在骨料中复合轻质骨料制成的自保温砌块；Ⅱ类是指在孔洞中填插保温材料制成的自保温砌块；Ⅲ类是指在骨料中复合轻质材料且在孔洞中填插保温材料制成的自保温砌块。

按自保温砌块孔的排数分为单排孔（1）、双排孔（2）和多排孔（3）三类。

2. 等级

（1）自保温砌块密度等级分为九级：500、600、700、800、900、1000、1100、1200、1300。

（2）自保温砌块强度等级分为五级：MU3.5、MU5.0、MU7.5、MU10.0、MU15.0。

（3）自保温砌块砌体当量导热系数等级分为七级：EC10、EC15、EC20、EC25、EC30、EC35、EC40。

（4）自保温砌块当量蓄热系数等级分为七级：ES1、ES2、ES3、ES4、ES5、ES6、ES7。

3. 标记方法及示例

自保温砌块的标记由自保温混凝土复合砌块产品代号、复合类型、孔排数、密度等级、当量导热系数等级、当量蓄热系数和本标准编号八部分组成。

标记示例：复合类型为Ⅱ类、双排孔、密度等级为 1000、强度等级为 MU5.0、当量导热系数等级为 EC20、当量蓄热系数等级为 ES4 的自保温砌块标记为：

SIB Ⅱ（2）1000 MU5.0 EC20 ES4 JG/T 407—2013。

4. 主要组成材料要求

（1）水泥

水泥应符合《通用硅酸盐水泥》GB 175—2007 的规定。

（2）普通骨料

粗骨料碎石、卵石最大粒径不宜大于 10mm，其他应符合《建设用卵石、碎石》GB/T 14685—2011 的规定；细骨料小于 0.15mm 的颗粒含量不应大于 20%，其他应符合《建设用砂》GB/T 14684—2011 的规定。

（3）轻质骨料

粉煤灰陶粒、黏土陶粒、页岩陶粒、天然轻骨料、超轻陶粒、自燃煤矸石轻骨料和黏土砖渣应符合《轻集料及其试验方法 第1部分：轻集料》GB/T 17431.1—2010 的规定；非煅烧粉煤灰轻骨料的 SO_3 含量还应小于 1%，烧失量小于 15%，最大粒径不宜大于 10mm。

膨胀珍珠岩应符合《膨胀珍珠岩》JC/T 209—2012 的规定，堆积密度不宜低于 $80kg/m^3$。

聚苯颗粒应符合表 3-14 的规定。

聚苯颗粒主要技术指标　　　　　　表 3-14

项目	技术指标	项目	技术指标
堆积密度(kg/m^3)	8.0～21.0	粒度(5mm 筛孔筛余)(%)	≤5

（4）填插材料

填插用模数聚苯乙烯泡沫塑料（EPS）、挤塑聚苯乙烯塑料（XPS）、填孔用聚苯颗粒保温浆料、填孔用泡沫混凝土等。

5. 规格

自保温砌块的主规格长度为 390mm、290mm，宽度为 190mm、240mm、280mm，高度为 190mm，其他规格尺寸由供需双方商定。

6. 技术指标

自保温砌块主要技术性能参见表 3-15，其他技术性能参见《自保温混凝土复合砌块》JG/T 407—2013 的标准要求；应用须符合《自保温混凝土复合砌块墙体应用技术规程》JGJ/T 323—2014 的规定。

自保温砌块基本性能指标　　　　　　表 3-15

项目	性能指标	
质量吸水率(%)	Ⅰ类、Ⅲ类	≤18
	Ⅱ类	≤10
干缩率(%)	≤0.065	
碳化系数	≥0.85	
软化系数	≥0.85	
自保温砌块墙体耐火极限(h)	≥2.0	

7. 应用

自保温砌块进场时均应有质量证明文件、型式检验报告，并按要求进行查检和复验，合格后方可采用。

同一单位工程使用的自保温砌块应为同一厂家生产的同一品种产品。自保温砌块在工厂内的自然养护龄期或蒸气养护后的停放时间不应少于28d。

自保温砌块产品宜包装出厂，采用托板装运，当雨雪天运输自保温砌块时，应采取防雨雪措施。

堆放自保温砌块的场地应事先硬化平整，并应采取防潮、防雨雪等措施，不同规格型号、强度等级的自保温砌块应分类堆放及标识，堆置高度不宜超过1.6m。

砌入自保温砌块墙体内的各种建筑构配件、埋设件、钢筋网片、拉结筋等应预制及加工；各种金属类拉结件、支架等预埋铁件应进行防锈处理，并应按不同型号、规格分别存放。

自保温墙体的施工应在前道工序验收合格后进行。

3.4.2 聚苯模块保温墙体

聚苯模块（EPS模块），按原材料不同分为普通聚苯模块和石墨聚苯模块两种（以下简称"普通模块"或"石墨模块"）。普通模块是指由可发性聚苯乙烯珠粒加热发泡后，再通过工厂标准化生产设备一次加热聚合成型制得的周边均有插接企口或搭接裁口、内外表面有均匀分布燕尾槽和铸印永久性标识的聚苯乙烯泡沫塑料。石墨模块是由石墨可发性聚苯乙烯珠粒经加热发泡后，按普通模块生产工艺制造的外观为灰黑色的聚苯乙烯泡沫塑料型材或构件。

聚苯模块按建筑类别和建筑用途及建造工艺的需求，分为实体聚苯模块、空腔聚苯模块、空心聚苯模块。

1. 聚苯模块保温墙体系统

聚苯模块保温墙体是将聚苯模块与混凝土结构、钢结构、混合结构、木结构等有机结合，构成保温与结构一体化的建筑外墙。

聚苯模块保温墙体包括聚苯模块混凝土墙夹芯保温系统、聚苯模块混凝土外墙保温系统、空腔聚苯模块混凝土墙体、空心聚苯模块轻钢芯肋墙体、粘贴聚苯模块外墙保温系统。

聚苯模块混凝土墙夹芯保温系统是指将聚苯模块拼装组合成整体保温层，夹在厚度均不小于50mm的混凝土防护面层或刚性不燃材料防护面层和结构墙之间，构成保温结构防火一体化的外墙，简称夹芯保温系统。

聚苯模块混凝土外墙保温系统是将聚苯模块拼装组合成混凝土墙的外侧免拆模板，混凝土浇筑后，构成保温结构一体化的外墙，简称外墙保温系统。

空腔聚苯模块混凝土墙体是将空腔聚苯模块拼装组合成有空腔的免拆模板系统，空腔内浇筑混凝土形成的保温与结构一体化的墙体。

空心聚苯模块轻钢芯肋墙体是将冷弯C型钢或热镀锌矩形钢管置入墙体空心模块预制凹槽，构成装配式工业与民用建筑的非承重墙。

粘贴聚苯模块外墙保温系统是将聚苯模块采用粘贴方式固定在基层墙体外侧或内侧构成的复合墙体，简称外墙粘贴系统。

2. 基本规定

夹芯保温系统、外墙保温系统、空腔聚苯模块混凝土墙体、空心聚苯模块轻钢芯肋墙体、外墙粘贴系统适用范围应符合下列规定：

夹芯保温系统可适用于各类工业与民用建筑的外墙。

外墙保温系统可适用于建筑高度不大于 50m 新建公共建筑和高度不大于 100m 新建住宅建筑。

空腔聚苯模块混凝土墙体可适用于耐火等级三级及以下、抗震设防烈度 8 度及以下、地上建筑高度 15m 及以下、地上建筑层数 3 层及以下、无扶墙柱时建筑层高不大于 5.1m 的工业与民用建筑外墙。

空心聚苯模块轻钢芯肋墙体可适用于抗震设防烈度 8 度及以下、地上建筑层数 3 层及以下、地上建筑高度 12m 及以下木结构、钢结构、混凝土框架结构民用房屋的非承重墙；还适用于火灾危险性类别丙类及以下、耐火等级三级及以下、抗震设防烈度 8 度及以下钢结构、混凝土框架结构工业建筑的非承重外墙。

外墙粘贴系统适用于建筑高度不大于 50m 新建或既有公共建筑和建筑高度不大于 100m 新建或既有住宅建筑的外墙保温。

3. 技术指标

系统应符合《聚苯模块保温墙体应用技术规程》JGJ/T 420—2017 的要求。聚苯模块性能应满足表 3-16、表 3-17 的要求。

普通聚苯模块性能　　　　　　　　　　　　　　　　　表 3-16

项目		性能指标		
表观密度(kg/m^3)		20	30	35
压缩强度(MPa)		≥0.12	≥0.20	≥0.25
导热系数[W/(m·K)]		≤0.037	≤0.033	≤0.030
尺寸稳定性(%)		≤0.3		
水蒸气透过系数[ng/(Pa·m·s)]		≤1.0		
吸水率(体积分数)(%)		≤2.0		
熔结性能	断裂弯曲荷载(N)	≥30	≥40	≥45
	弯曲变形(mm)	≥20		
垂直于板面方向抗拉强度(MPa)		≥0.15	≥0.20	≥0.25
燃烧性能等级		B_1 级		

石墨聚苯模块性能　　　　　　　　　　　　　　　　　表 3-17

项目		性能指标		
表观密度(kg/m^3)		20	30	35
压缩强度(MPa)		≥0.12	≥0.20	≥0.25
导热系数[W/(m·K)]		≤0.032	≤0.030	≤0.028
尺寸稳定性(%)		≤0.3		
水蒸气透过系数[ng/(Pa·m·s)]		≤4.0		
吸水率(体积分数)(%)		≤2.0		
熔结性能	断裂弯曲荷载(N)	≥30	≥40	≥45
	弯曲变形(mm)	≥20		
垂直于板面方向抗拉强度(MPa)		≥0.15	≥0.20	≥0.25
燃烧性能等级		B_1 级		

4. 验收一般规定

聚苯模块保温墙体应按国家现行标准《建筑工程施工质量验收统一标准》GB 50300—2013、《建筑节能工程施工质量验收标准》GB 50411—2019 和《外墙外保温工程技术标准》JGJ 144—2019 的有关规定进行施工质量验收。聚苯模块进场应提供产品合格证和型式检验报告,并宜铸印生产企业的商标标识。

应对下列材料性能指标进行材料进场抽样复验或现场复验,抽样数量应按现行国家标准《建筑节能工程施工质量验收标准》GB 50411—2019 执行。

（1）聚苯模块的表观密度导热系数、垂直于板面方向的抗拉强度。

（2）泡沫玻璃模块密度、导热系数、垂直于板面方向的抗拉强度。

（3）胶粘剂与聚苯模块和与干混抹灰砂浆防护面层的拉伸粘结强度。

（4）干混抹灰砂浆的强度等级。

（5）耐碱玻纤网布单位面积质量、耐碱断裂强力和耐碱断裂强力保留率。

（6）锚栓施工现场拉拔强度测试。

（7）自密实混凝土扩展度测试。

3.4.3 硬泡聚氨酯板

聚氨酯是由双组分混合反应形成的具有保温隔热功能的硬质泡沫塑料。硬泡聚氨酯板是以聚氨酯硬泡为芯材,两面覆以非装饰面层,在工厂成型的保温板材。由于硬泡聚氨酯板采用工厂预先发泡成型的技术,因此硬泡聚氨酯板外保温系统与现场喷涂施工相比具有不受气候干扰、质量保证率高的优点。硬泡聚氨酯板外墙保温系统（图 3-1）常用于建筑物外墙外侧,由基层墙体、粘结层、硬泡聚氨酯板、抹面层、饰面层等组成。

1. 技术指标

硬泡聚氨酯外保温系统应符合《外墙外保温工程技术标准》JGJ 144—2019、《硬泡聚氨酯保温防水工程技术规范》GB 50404—2017、《硬泡聚氨酯板薄抹灰外墙外保温系统材料》JG/T 420—2013 和《膨胀聚苯板薄抹灰外墙外保温系统》JG 149—2003 的相关要求（表 3-18）。

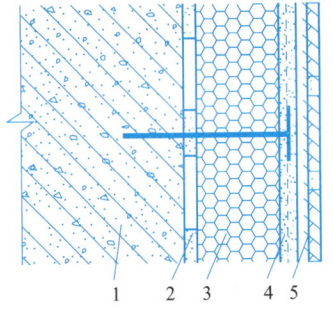

图 3-1 硬泡聚氨酯板外墙保温系统构造示意图
1—基层墙体；2—粘结层；3—石墨聚苯乙烯/硬泡聚氨酯板；
4—抹面层；5—饰面层

硬泡聚氨酯板外保温系统性能指标　表 3-18

项目	性能指标
抗风压值	系统抗风压值不小于工程项目的风荷载设计值,且安全系数 K 值不小于 1.5
抗冲击强度	建筑物首层墙面以及门窗口等易受碰撞部位:≥10J 级;建筑物二层以上墙面等部位:≥3J 级
吸水量(浸水 1h)(g/m²)	≤1000
耐冻融性能	30 次冻融循环后,抹面层无裂纹、空鼓、脱落现象;保护层与保温层拉伸粘结强度不小于 0.1MPa,破坏部位应位于保温层
耐候性	经 80 次高温(70℃)—淋水(15℃)循环和 5 次加热(50℃)—冷冻(−20℃)循环后,饰面层不起泡或剥落,保护层不空鼓或脱落,不产生渗水裂缝

2. 适用范围

适用于新建建筑和既有建筑节能改造中各种主体结构的外墙外保温，适宜在严寒、寒冷和夏热冬冷地区使用。

3.4.4 纤维石膏空心大板复合墙体

纤维石膏空心大板是用玻璃纤维、石膏粉、水、添加剂等材料在工厂由专用设备生产的具有空腔的大板，可按设计要求切割成不同规格的构件。

纤维石膏空心大板复合墙体结构是由纤维石膏空心大板空腔内全部填充具有高流动度、不离析以及高均匀性和稳定性，浇筑时依靠其自重流动无须振捣而达到密实的混凝土而形成的复合墙体的承重结构。自密实混凝土双板墙是采用两块同样的板并排安装形成的墙。

芯柱为在纤维石膏空心大板的空腔内填充自密实混凝土并按标准要求配置构造钢筋后形成的柱。

1. 技术指标

（1）墙板的标准尺寸应为 12000mm×3000mm×120mm。

（2）墙板主要力学性能、物理性能指标应符合表 3-19 的规定。

墙板主要力学性能、物理性能指标　　　　表 3-19

项目		单位	性能指标
力学性能	抗压强度	MPa	≥1
	抗折破坏荷载（单孔）	kN	>4
	24h 单点吊挂力	N	≥800
	抗弯破坏荷载	—	≥1 倍板重
	抗冲击性	次	≥3
物理性能	面密度（干燥状态）	kg/m^2	40±4
	传热系数	W/(m·K)	2.0
	隔声量	dB	>30
	质量吸水率	—	≤10%
	干燥收缩值	mm/m	≤0.25
	软化系数	—	≥0.6

（3）40mm×40mm×40mm 的石膏试块抗压强度不应小于 12MPa，40mm×40mm×160mm 石膏试块抗折强度不应小于 5MPa。

（4）玻璃纤维应采用 E 级玻璃纤维。

（5）灌芯纤维石膏空心大板的隔声性能不应小于 45dB。

（6）纤维石膏空心大板应采用混凝土填充，灌芯后其面密度应大于 265kg/m^2。其热阻值不应小于 0.162m^2·K/W，传热系数不应大于 3.205W/(m^2·K)。

2. 纤维石膏空心大板对混凝土及钢筋的要求

（1）纤维石膏空心大板复合墙体的全部空腔内细石混凝土的浇筑应采取切实有效的密实成型措施，不得存在对混凝土强度有影响的缺陷，混凝土强度等级不应小于 C20。

（2）纤维石膏空心大板复合墙体结构宜采用 HRB335、HRB400 和 RRB400 钢筋。

(3) 混凝土和钢筋的设计强度应符合现行国家标准《混凝土结构设计规范（2015年版）》GB 50010—2010 的规定。

3. 建筑节能设计

纤维石膏空心大板复合墙体结构的节能设计，居住建筑在严寒和寒冷地区，应符合现行行业标准《严寒和寒冷地区居住建筑节能设计标准》JGJ 26—2018 的有关规定；在夏热冬冷地区，应符合现行行业标准《夏热冬冷地区居住建筑节能设计标准》JGJ 134—2010 的有关规定；在夏热冬暖地区，应符合现行行业标准《夏热冬暖地区居住建筑节能设计标准》JGJ 75—2012 的有关规定；公共建筑应符合现行国家标准《公共建筑节能设计标准》GB 50189—2015 的有关规定。居住建筑和公共建筑尚应符合现行行业标准《外墙外保温工程技术标准》JGJ 144—2019 的规定，其防潮设计和夏季隔热要求应符合现行国家标准《民用建筑热工设计规范（含光盘）》GB 50176—2016 的规定。

纤维石膏空心大板复合墙体结构的外墙、屋面、门窗、采暖空间与非采暖空间相邻的隔墙或楼板、不采暖楼梯间隔墙及伸缩缝两侧的外墙等保温性能必须符合工程建设地区传热系数限值要求。

纤维石膏空心大板复合墙体结构的外墙应采用外墙外保温做法。外墙挑出构件及附墙部件（包括阳台、雨篷、阳台栏板、空调室外机搁板等）均应采取隔断热桥和保温措施；门窗口周边外侧墙面应采取保温措施。

3.4.5 高效自保温外墙

常用自保温体系以蒸压加气混凝土、陶粒增强加气砌块、硅藻土保温砌块（砖）、蒸压粉煤灰砖、淤泥及固体废弃物制保温砌块（砖）和混凝土自保温（复合）砌块等为墙体材料，并辅以相应的节点保温构造措施构成。高效外墙自保温体系对墙体材料提出了更高的热工性能要求，以满足夏热冬冷地区和夏热冬暖地区节能设计标准的要求。

1. 技术指标

主要技术性能参见表 3-20，其他技术性能参见《蒸压加气混凝土砌块》GB/T 11968—2020、《蒸压加气混凝土制品应用技术标准》JGJ/T 17—2020 和《烧结多孔砖和多孔砌块》GB 13544—2011 的标准要求；节能设计参见《公共建筑节能设计标准》GB 50189—2015、《夏热冬冷地区居住建筑节能设计标准》JGJ 134—2010 和《夏热冬暖地区居住建筑节能设计标准》JGJ 75—2012 等标准的要求，同时须满足各地地方标准要求。

自保温体系的墙体材料技术指标　　表 3-20

项目	指标	项目	指标
干体积密度(kg/m³)	425～825	导热系数[W/(m·K)]	≤0.2
抗压强度(MPa)	≥3.5，且符合对应标准等级的抗压强度要求	体积吸水率(%)	15～25

2. 适用范围

适用于夏热冬冷地区和夏热冬暖地区的建筑外墙、分户墙等，可用于高层建筑的填充墙或低层建筑的承重墙体。

3.4.6 高性能保温门窗

高性能保温门窗是指具有良好保温性能的门窗，应用最广泛的主要包括高性能断桥铝合金保温窗、高性能塑料保温门窗和复合窗。

高性能断桥铝合金保温窗是在铝合金窗基础上为提高门窗保温性能而推出的改进型门窗,通过尼龙隔热条将铝合金型材分为内外两部分,阻隔铝合金框材的热传导。同时框材再配上2腔或3腔的中空结构,腔壁垂直于热流方向分布,多道腔壁对通过的热流起到多重阻隔作用,腔内传热(对流、辐射和导热)相应被削弱,特别是辐射传热强度随腔数量增加而成倍减少,使门窗的保温效果大大提高。高性能断桥铝合金保温门窗采用的玻璃主要为中空 Low-E 玻璃、三玻双中空玻璃及真空玻璃。

高性能塑料保温门窗,即采用 U-PVC 塑料型材制作而成的门窗。塑料型材本身具有较低的导热性能,使得塑料窗的整体保温性能大大提高。另外可通过增加门窗密封层数、增加塑料异型材截面尺寸厚度、增加塑料异型材保温腔室、采用质量好的五金件等方式来提高塑料门窗的保温性能。同时为增加窗的刚性,在塑料窗窗框、窗扇、梃型材的受力杆件中,使用增强型钢以增加窗户的强度。高性能塑料保温门窗采用的玻璃主要为中空 Low-E 玻璃、三玻双中空玻璃及真空玻璃。

复合窗是指型材采用两种不同材料复合而成,使用较多的复合窗主要是铝木复合窗和铝塑复合窗。铝木复合窗是以铝合金挤压型材为框、梃、扇的主料作受力杆件(承受并传递自重和荷载的杆件),另一侧覆以实木装饰制作而成的窗,由于实木的导热系数较低,因而使得铝木复合窗整体的保温性能大大提高。铝塑复合窗是用塑料型材将室内外两层铝合金既隔开又紧密连接成一个整体,由于塑料型材的导热系数较低,所以做成的这种铝塑复合窗保温性能也大大提高。复合窗采用的玻璃主要为中空 Low-E 玻璃、三玻双中空及真空玻璃。

1. 技术指标

公共建筑使用的门窗的传热系数应符合《公共建筑节能设计标准》GB 50189—2015 的规定,其限值不得大于表3-21的规定。

外窗的传热系数和太阳得热系数基本要求 表3-21

气候分区	窗墙面积比	传热系数 $K[W/(m^2 \cdot K)]$	太阳得热系数 $SHGC$
严寒A、B区	0.40<窗墙面积比≤0.60	≤2.5	—
	窗墙面积比>0.60	≤2.2	—
严寒C区	0.40<窗墙面积比≤0.60	≤2.6	—
	窗墙面积比>0.60	≤2.3	—
寒冷地区	0.40<窗墙面积比≤0.70	≤2.7	—
	窗墙面积比>0.70	≤2.4	—
夏热冬冷地区	0.40<窗墙面积比≤0.70	≤3.0	≤0.44
	窗墙面积比>0.70	≤2.6	
夏热冬暖地区	0.40<窗墙面积比≤0.70	≤4.0	≤0.44
	窗墙面积比>0.70	≤3.0	

居住建筑使用的门窗按所在气候区的不同,其传热系数应相应符合《严寒和寒冷地区居住建筑节能设计标准》JGJ 26—2018、《夏热冬暖地区居住建筑节能设计标准》JGJ 75—2012 和《夏热冬冷地区居住建筑节能设计标准》JGJ 134—2010 的规定,不应高于门窗的最大限值要求。

2. 适用范围

适应用于公共建筑、居住建筑，广泛应用于低能耗建筑、绿色建筑、被动房等对门窗保温性能要求极高的建筑。

3.4.7 耐火节能窗

耐火节能窗是针对国标《建筑设计防火规范（2018年版）》GB 50016—2014 对高层建筑中部分外窗应具有耐火完整性要求研发而成。建筑外窗作为建筑物外围护结构的开口部位，是火灾竖向蔓延的重要途径之一，外窗的防火性能已成为阻止高层建筑火灾层间蔓延的关键因素；同时建筑外窗也是建筑物与外界进行热交换和热传导的窗口，因此在高层建筑上应用同时具备耐火和节能性能的窗，有重大的工程应用价值。

耐火窗是指在规定时间内，能满足耐火完整性要求的窗。目前市场上主流的建筑外窗，如断桥铝合金窗、塑钢窗等，经采取一定的技术手段，可实现耐火完整性不低于0.5h 的要求。对有耐火完整性要求的建筑外窗，所用玻璃最少有一层应符合《建筑用安全玻璃 第1部分：防火玻璃》GB 15763.1—2009 的规定，耐火完整性达到 C 类不小于0.5h 的要求。

外窗型材所用的加强钢或其他增强材料应连接成封闭的框架。在玻璃镶嵌槽口内宜采取钢质构件固定玻璃，该构件应安装在增强型材料钢主骨架上，防止玻璃受火软化后脱落蹿火，失去耐火完整性。耐火窗所使用的防火膨胀密封条、防火密封胶、门窗密封件、五金件等材料，应是不燃或难燃材料，其燃烧性能应符合现行国家标准的要求。

耐火窗可以采用湿法和干法安装，与普通窗洞口安装不一样的地方就是在洞口与窗框之间的密封要采用防火阻燃密封材料（如防火密封胶）。

1. 技术指标

高层建筑耐火节能窗的耐火完整性按照《镶玻璃构件耐火试验方法》GB/T 12513—2006 试验，其耐火完整性不小于 0.5h。

按照《建筑外门窗保温性能检测方法》GB/T 8484—2020 的规定进行试验，其传热系数可以满足工程设计要求。

2. 适用范围

（1）住宅建筑

建筑高度大于 27m，但不大于 100m，当其外墙外保温系统采用 B_1 级保温材料时，其建筑外墙上门、窗的耐火完整性不应小于 0.5h；建筑高度不大于 27m，当其外墙外保温系统采用 B_2 级保温材料时，其建筑外墙上门、窗的耐火完整性不应小于 0.5h。

建筑高度大于 54m 的住宅建筑，每户应有一间房间的外窗耐火完整性不小于 1.0h。

（2）除住宅建筑外的其他建筑（未设置人员密集场所）

建筑高度大于 24m，但不大于 50m，当其外墙外保温系统采用 B_1 级保温材料时，其建筑外墙上门、窗的耐火完整性不应小于 0.5h。

建筑高度不大于 24m，当其外墙外保温系统采用 B_2 级保温材料时，其建筑外墙上门和窗的耐火完整性不应小于 0.5h。

3.4.8 一体化遮阳窗

遮阳是控制夏季室内热环境质量、降低制冷能耗的重要措施。遮阳装置多设置于建筑透光围护结构部位，以最大限度地降低直接进入室内的太阳辐射。将遮阳装置与建筑外窗一体化设计便于保证遮阳效果、简化施工安装、方便使用保养，并符合国家建筑工业化产业政策导向。

一体化遮阳窗的主要产品类型有内置百叶一体化遮阳窗、硬卷帘一体化遮阳窗、软卷帘一体化遮阳窗、遮阳篷一体化遮阳窗和金属百叶帘一体化遮阳窗等。

1. 分类

（1）按遮阳位置分外遮阳、中间遮阳和内遮阳。

（2）按遮阳产品类型分内置遮阳中空玻璃、硬卷帘、软卷帘、遮阳篷、百叶帘及其他。

（3）按操作方式分电动、手动和固定。

2. 技术指标

影响一体化遮阳窗性能的指标有操作力性能、机械耐久性能、抗风压性能、水密性能、气密性能、隔声性能、遮阳系数（表 3-22）、传热系数（表 3-23）、耐雪荷载性能等，详见《建筑一体化遮阳窗》JG/T 500—2016，施工时应符合《建筑遮阳工程技术规范》JGJ 237—2011。

遮阳性能分级　　　　　表 3-22

分级	2	3	4
指标值	$0.6<SC\leqslant0.7$	$0.5<SC\leqslant0.6$	$0.4<SC\leqslant0.5$
分级	5	6	7
指标值	$0.3<SC\leqslant0.4$	$0.2<SC\leqslant0.3$	$SC\leqslant0.2$

注：一体化遮阳窗遮阳性能以遮阳部件收回、伸展状态下遮阳系数 SC 表示。

传热系数分级　　　　　表 3-23

分级	1	2	3	4	5
分级指标值[W/(m²·K)]	$K\geqslant5.0$	$5.0>K\geqslant4.0$	$4.0>K\geqslant3.5$	$3.5>K\geqslant3.0$	$3.0>K\geqslant2.5$
分级	6	7	8	9	10
分级指标值[W/(m²·K)]	$2.5>K\geqslant2.0$	$2.0>K\geqslant1.6$	$1.6>K\geqslant1.3$	$1.3>K\geqslant1.1$	$K<1.1$

注：一体化遮阳窗保温性能以遮阳部件收回、伸展状态下窗传热系数 K 值表示。

3. 适用范围

适合于我国寒冷、夏热冬冷、夏热冬暖、温和等地区的工业与民用建筑。

第5节　装饰装修新材料

3.5.1 建筑玻璃

建筑玻璃的主要品种是平板玻璃，其具有表面晶莹光洁、透光、隔声、保温、耐磨、耐气候变化、材质稳定等优点。它是以石英砂、砂岩或石英岩、石灰石、长石、白云石及纯碱等为主要原料，经粉碎、筛分、配料、高温熔融、成型、退火、冷却、加工等工序制成。

1. 平板玻璃

（1）窗用玻璃

窗用玻璃也称平光玻璃或镜片玻璃，简称玻璃，是未经研磨加工的平板玻璃。其主要用于建筑物的门窗、墙面、室外装饰等，起着透光、隔热、隔声、挡风和防护的作用，也可用于商店柜台、橱窗及一些交通工具（汽车、轮船等）的门窗等。窗用玻璃的厚度一般有 2mm、3mm、4mm、5mm、6mm 五种，其中 2～3mm 厚的常用于民用建筑，4～6mm 厚的主要用于工业及高层建筑。

（2）磨光玻璃

磨光玻璃称镜面玻璃或白片玻璃，是经磨光抛光后的平板玻璃，分单面磨光和双面磨光两种。对玻璃磨光是为了消除玻璃中含有玻筋等缺陷。磨光玻璃表面平整光滑且有光泽，从任何方向透视或反射景物都不发生变形，其厚度一般为 5～6mm，尺寸可根据需要制作。其常用以大型高级门窗、橱窗或制镜。

（3）磨砂玻璃

磨砂玻璃也称毛玻璃，是用机械喷砂、手工研磨或使用氢氟酸溶液等方法，将普通平板玻璃表面处理为均匀毛面而成的。该玻璃表面粗糙，能使光线产生漫反射，具有透光不透视的特点，且使室内光线柔和。它常被用于卫生间、浴室、办公室、走廊等处的隔断，也可作黑板的板面。

（4）有色玻璃

有色玻璃也称彩色玻璃，分透明和不透明两种。该玻璃具有耐腐蚀、抗冲刷、易清洗等优点，并可拼成各种图案和花纹，适用于门窗、内外墙面及对光有特殊要求的采光部位。

（5）彩绘玻璃

彩绘玻璃是一种用途广泛的高档装饰玻璃产品。屏幕彩绘技术能将原画逼真地复制到玻璃上，它不受玻璃厚度、规格大小的限制，可在平板玻璃上做出各种透明度的色调和图案，而且彩绘涂膜附着力强、耐久性好、可擦洗、易清洁。彩绘玻璃可用于家庭、写字楼、商场及娱乐场所的门窗、内外幕墙、顶棚吊灯、灯箱、壁饰、家具、屏风等，利用其不同的图案和画面可达到具有较高艺术情调的装饰效果。

（6）光栅玻璃

光栅玻璃也称镭射玻璃，是以玻璃为基材，经激光表面微刻处理形成的激光装饰材料。其采用激光全息变光原理，将摄影美术与雕塑的特点融为一体，使普通玻璃在白光条件下可显现出三维立体图像。光栅玻璃可依据不同需要，利用电脑设计，激光表面处理，编入各种色彩、图形及各种色彩变换方式，在普通玻璃上形成物理衍射分光和全息光栅或其他光栅，凹与凸部形成四面对应分布或散射分布，构成不同质感、空间感、不同立面的透镜，加上玻璃本身的色彩及射入的光源，致使无数小透镜形成多次棱镜折射，从而产生不时变换的色彩和图形，具有很高的观赏与艺术装饰价值。光栅玻璃耐冲击性、防滑性、耐腐蚀性均好，适用于家居及公共设施和文化娱乐场所的大厅、内外墙面、门面招牌、广告牌、顶棚、屏风、门窗等美化装饰。

（7）装饰镜

装饰镜是室内装饰必不可少的材料。其可映照人及景物，扩大室内视野及空间，增加室内明亮度，可采用高质量浮法平板玻璃及真空镀铝或镀银的镜面制作。其可用于建筑物（尤其是窄小空间）的门厅、柱子、墙壁、顶棚等部位的装饰。

2. 压花玻璃

压花玻璃也称花纹玻璃或滚花玻璃，是用无色或有色玻璃液，通过刻有花纹的滚筒连续压延而成的带有花纹图案的平板玻璃。压花玻璃的特点是透光（透光率60%～70%）、不透视，表面凹凸的花纹不仅漫射、柔和了光线，而且具有很高的装饰性。在压花玻璃有花纹的一面，经气溶胶喷涂或经真空镀膜、彩色镀膜后，具有良好的热反射能力，立体感丰富，给人一种华贵、明亮的感觉，若恰当地配以灯光，装饰效果更佳。应用时应注意，花纹面朝向室内侧，透视性要考虑花纹形状。压花玻璃适用于对透视有不同要求的室内各种场合的内部装饰和分隔，可用于加工屏风、台灯等工艺品和日用品。

3. 安全玻璃

（1）钢化玻璃

钢化玻璃就是表面具有压应力的玻璃，又称强化玻璃。

钢化玻璃其实是一种预应力玻璃，也即为提高玻璃的强度，通常使用化学或物理的方法，在玻璃表面形成压应力，玻璃在承受外力时首先抵消表层应力，从而提高了承载能力，增强了玻璃自身抗风压性、抗冲击性等。

钢化玻璃是将普通退火玻璃先切割成需要的尺寸，然后加热到接近软化点的700℃左右，再进行快速均匀的冷却而得到的（通常5～6mm的玻璃在700℃高温下加热240s左右，降温150s左右。8～10mm玻璃在700℃高温下加热500s左右，降温300s左右。总之，玻璃厚度不同，加热降温的时间也不同）。钢化处理后玻璃表面形成均匀压应力，而内部则形成张应力，使玻璃的抗弯和抗冲击强度得以提高，其强度约是普通退火玻璃的四倍以上。已钢化处理好的钢化玻璃，不能再做任何切割、磨削等加工或受破损，否则就会因破坏均匀压应力平衡而"粉身碎骨"。

建筑上使用的玻璃一般要求达到钢化玻璃中的合格标准，优等品一般是以汽车挡风玻璃的钢化标准为准。

每块钢化玻璃上都有一个3C认证标志。

钢化玻璃在增加自身强度的同时，也带来了自身的一个缺陷——自爆。钢化玻璃容易自爆的原因有很多，简单列举，有以下几个方面：

1）玻璃质量缺陷（主要是玻璃中夹杂着气泡和杂质）；

2）玻璃在加工的过程中，由于操作不当，造成表面划痕、不恰当的炸口等；

3）玻璃在钢化的过程中，存在应力不均匀。

曲面钢化玻璃的自爆率要大于同等要求的平面钢化玻璃。

（2）夹层玻璃

夹层玻璃是由两片或多片玻璃，之间夹了一层或多层有机聚合物中间膜，经过特殊的高温预压（或抽真空）及高温高压工艺处理后，使玻璃和中间膜永久粘合为一体的复合玻璃产品。玻璃原片可采用磨光玻璃、浮法玻璃、有色玻璃、吸热玻璃、热反射玻璃、钢化玻璃等。夹层玻璃的特点是安全性好，这是由于中间粘合的塑料衬片使得玻璃破碎时不飞溅，只是产生辐射状裂纹，不伤人，也因此使其抗冲击强度大大高于普通玻璃。另外，使用不同玻璃原片和中间夹层材料，还可获得耐光、耐热、耐湿、耐寒等特性。

常用的夹层玻璃中间膜有 PVB、SGP、EVA、PU 等。

夹层玻璃包括一些比较特殊的类型，如彩色中间膜夹层玻璃、SGX 类印刷中间膜夹层玻璃、XIR 类 Low-E 中间膜夹层玻璃以及内嵌装饰件（金属网、金属板等）夹层玻璃、内嵌 PET 材料夹层玻璃等。

根据中间膜的熔点不同，夹层玻璃可分为低温夹层玻璃、高温夹层玻璃、中空玻璃。

根据中间所夹材料不同，夹层玻璃可分为夹纸、夹布、夹植物、夹丝、夹绢、夹金属丝等众多种类。

根据夹层间的粘接方法不同，夹层玻璃可分为混法夹层玻璃、干法夹层玻璃、中空夹层玻璃。

根据夹层的层类不同，夹层玻璃可分为一般夹层玻璃和防弹玻璃。

夹层玻璃即使碎裂，碎片也会被粘在薄膜上，破碎的玻璃表面仍能保持整洁光滑，这就有效防止了碎片扎伤和穿透坠落事件的发生，确保了人身安全。

夹层玻璃有极好的抗震入侵能力，中间膜能抵御锤子、劈柴刀等的连续攻击，甚至还能在相当长时间内阻止子弹穿透。

夹层玻璃适用于安全性要求高的门窗，如高层建筑的门窗，大厦、地下室的门窗，银行等建筑的门窗，商品陈列柜及橱窗等防撞部位。

（3）夹丝玻璃

夹丝玻璃是将普通平板玻璃加热到红热软化状态后，再将预热处理的金属丝或金属网压入玻璃中而成。其表面可是压花或磨光的，有透明或彩色的。夹丝玻璃的特点是安全性好，这是由于夹丝玻璃具有均匀的内应力和抗冲击强度，因而当玻璃受外界因素（地震、风暴、火灾等）作用而破碎时，其碎片能粘在金属丝（网）上，避免了碎片飞溅伤人。此外，这种玻璃还具有隔断火焰和防火蔓延的作用。夹丝玻璃适用于振动较大的工业厂房门窗、屋面、采光天窗，需安全防火的仓库、图书馆门窗，建筑物复合外墙及透明栅栏等。

4. 特种玻璃

（1）吸热玻璃

吸热玻璃是在玻璃液中引入有吸热性能的着色剂（氧化铁、氧化镍等）或在玻璃表面喷镀具有吸热性的着色氧化物（氧化锡、氧化锑等）薄膜而成的平板玻璃。吸热玻璃一般呈灰、茶、蓝、绿、古铜、粉红、金等颜色，它既能吸收 70% 以下的红外辐射能，又能保持良好的透光率，并可吸收部分可见光、紫外线，具有防眩光、防紫外线等作用。吸热玻璃适用于既需要采光又需要隔热之处（尤其是需要设置空调、避免眩光的大型公共建筑的门窗、幕墙、商品陈列窗、计算机房），还可用作火车、汽车、轮船的风挡玻璃。另外也可制成夹层、中空玻璃等制品。

（2）热反射玻璃

热反射玻璃是表面用加热、蒸发、化学等方法喷涂金、银、铝、铜、镍、铬、铁等金属及金属氧化物或粘贴有机物薄膜而制成的镀膜玻璃。热反射玻璃对太阳光具有较高的热反射能力，热透过率低，一般热反射率都在 30% 以上，最高可达 60%，但又保持了良好的透光性，是现代最有效的防太阳玻璃。热反射玻璃具有单向透视性，其迎光面有镜面反射特性，它不仅有美丽的颜色，而且可映射周围景色，使建筑物和周围景观相协调。其玻璃背光面与透明玻璃一样，能清晰地看到室外景物。热反射玻璃适用于现代高级建筑的门窗、玻璃幕墙、公共建筑的门厅和各种装饰性部位，用它制成双层中空玻璃和组成带空气层的玻璃幕墙，可取得极佳的隔热保温及节能效果。

（3）光致变色玻璃

光致变色玻璃是在玻璃中加入卤化银，或在玻璃与有机夹层中加入钼和钨的感光化合物制成的。光致变色玻璃受太阳或其他光线照射时，其颜色会随光线的增强而逐渐变暗，停止照射后，又可自动恢复至原来的颜色。其玻璃的着色、褪色是可逆的，而且耐久，并可达到自动调节室内光线的效果。光致变色玻璃主要用于要求避免眩光和需要自动调节光照强度的建筑物门窗。

3.5.2 装饰板材

1. 建筑用免烧釉面装饰板

免烧釉面是指在常温非烧结条件下，施加在基材表面的无机粉末和表面活性剂经化学反应固化形成的具有釉面装饰效果及性能的饰面层。

免烧釉面装饰板是以纤维水泥板、玻璃、天然石材或铝板等为基板，免烧釉面为装饰面的板材。

（1）分类

按照使用环境分为室外用（代号为 W）和室内用（代号为 N）两类。

按照使用部位分为墙面用（代号为 Q）和地面用（代号为 D）两类。

按照基板材质分为纤维水泥板（代号为 X）、玻璃（代号为 B）、天然石材（代号为 S）、铝板（代号为 L）和其他（代号为 T）。

（2）标记

按照产品代号、分类代号、规格（长度×宽度×厚度，标记厚度为基板厚度，不含釉面厚度）和标准编号的顺序进行标记。

示例：规格为 1000mm×800mm×30mm 的室外墙面用免烧釉面纤维水泥板，其标记为：MSYMB WQX 1000×800×30 JG/T 559—2018。

（3）性能

1）基板材质

纤维水泥板可采用符合《纤维水泥平板　第 1 部分：无石棉纤维水泥平板》JC/T 412.1—2018、《外墙用非承重纤维增强水泥板》JG/T 396—2012 或《人造板材幕墙工程技术规范》JGJ 336—2016 规定的产品。

玻璃可采用符合《平板玻璃》GB 11614—2009、《建筑用安全玻璃　第 1 部分：防火玻璃》GB 15763.1—2009、《建筑用安全玻璃　第 2 部分：钢化玻璃》GB 15763.2—2005、《建筑用安全玻璃　第 3 部分：夹层玻璃》GB 15763.3—2009 或《建筑用安全玻璃　第 4 部分：均质钢化玻璃》GB 15763.4—2009 规定的产品。

天然石材可采用符合《天然花岗石建筑板材》GB/T 18601—2009、《天然大理石建筑板材》GB/T 19766—2016 或《天然石灰石建筑板材》GB/T 23453—2009 的产品。

铝板可采用符合《一般工业用铝及铝合金板、带材　第 1 部分：一般要求》GB/T 3880.1—2012、《一般工业用铝及铝合金板、带材　第 2 部分：力学性能》GB/T 3880.2—2012、《一般工业用铝及铝合金板、带材　第 3 部分：尺寸偏差》GB/T 3880.3—2012 或《铝幕墙板　第 1 部分：板基》YS/T 429.1—2014 规定的产品。

2) 釉面

墙面用产品的釉面厚度不宜小于0.1mm,地面用产品的釉面厚度不宜小于1mm。

3) 免烧釉面装饰板

免烧釉面装饰板的耐污染性、耐化学腐蚀性、抗落球冲击性、莫氏硬度、耐划痕性、抗釉裂性、柔韧性、耐干湿循环性、釉面平拉粘结强度、耐水性、抗冻性、耐温差性、耐人工气候老化性、耐盐雾性、防滑性、耐磨性应符合《建筑用免烧釉面装饰板》JG/T 559—2018的规定要求。

2. 装饰用轻质发泡铝塑复合板

装饰用轻质发泡铝塑复合板是以发泡塑料为芯层,两面铝材为面层的复合板材。

(1) 分类

按燃烧性能分为普通型(代号为G)和阻燃型(代号为FR)两类。

按装饰面层材质分为氟碳树脂涂层(代号为FC)、聚酯树脂涂层(代号为PET)和丙烯酸树脂涂层(代号为AC)三类。

(2) 规格尺寸

发泡铝塑复合板的常见规格见表3-24,其他规格也可由供需双方商定。

常见规格   表3-24

项目	规格(mm)	项目	规格(mm)
长度	2000、2440、3200	厚度	3、4
宽度	1220、1250、1500		

(3) 标记

按装饰用轻质发泡铝塑复合板的产品名称、燃烧性能、涂层种类、规格尺寸、铝板厚度以及标准编号顺序进行标记。

示例:规格为2440mm×1220mm×3mm、装饰面层为聚酯、铝板厚度为0.20mm的普通装饰用轻质发泡铝塑复合板,其标记为:

装饰用轻质发泡铝塑复合板 G-PE-2440×1220×3-0.20 JC/T 2376—2016。

(4) 性能

外观应整洁,不允许出现压痕、印痕、凹凸、正反面塑料外露、漏涂、波纹、鼓泡、划伤、擦伤等缺陷。疵点最大尺寸不大于3mm,数量不超过3个/m。色差目测不明显。

装饰用轻质发泡铝塑复合板的芯材密度≤0.65g/cm^3,涂层厚度平均值≥16μm,最小值≥14μm,表面铅笔硬度≥HB,涂层光泽度偏差≤10,涂层柔韧性≤3,涂层附着力为0,涂层耐酸性、耐碱性、耐油性、耐溶剂性、耐沾污性、耐人工气候老化性、耐盐雾性、弯曲强度、180°剥离强度、耐温差性、热膨胀系数、热变形温度、耐热水性、燃烧性能应符合《装饰用轻质发泡铝塑复合板》JC/T 2376—2016的规定要求。

3. 建筑装饰用彩钢板

建筑装饰用彩钢板是以经过热镀锌和镀铝锌等表面处理的钢板或钢带为基板,表面经过涂覆、印刷等工艺制成的,是具有保护性和装饰性涂层的板材。

(1) 分类

基板镀层、涂层和钢板的分类和代号应符合表 3-25 的规定。

基板镀层、涂层和钢板的分类和代号　　表 3-25

项目	分类	代号
基板镀层种类	热镀锌	Z
	镀铝锌	AZ
	其他	O
涂层种类	聚酯	PE
	硅改性聚酯	SMP
	高耐久性聚酯	HDP
	特殊强化聚酯	SRP
	氟碳(聚偏二氟乙烯)	PVDF
钢板种类	冷轧钢板	DC
	结构钢	S

彩钢板的公称宽度宜为 600～1600mm。

彩钢板常用基板牌号见表 3-26。

彩钢板常用基板牌号　　表 3-26

种类	牌号
热镀锌	DC51D+Z、DC52D+Z、DC53D+Z、DC54D+Z、S250GD+Z、S320GD+Z、S350GD+Z、S550GD+Z
镀铝锌	DC51D+AZ、DC52D+AZ、DC53D+AZ、DC54D+AZ、S250GD+AZ、S280GD+AZ、S300GD+AZ、S320GD+AZ、S350GD+AZ、S450GD+AZ、S500GD+AZ、S550GD+AZ

(2) 标记

标记由产品名称(代号为 OCSTEEL)、涂层种类、基板公称宽度和厚度、基板牌号、镀层重量以及执行标准编号组成,可只标记装饰面涂层材质及厚度,标记背面涂层材质及厚度时,用斜线隔开进行标记。

示例:装饰面和背面均为聚酯涂层、基板公称宽度为 600mm、公称厚度为 0.50mm、牌号为 DX56D+Z、镀层重量为 150g/m^2 的建筑用彩钢板,其标记为:

OCSTEEL PE/PE 600×0.50 TDX56D+Z150 JG/T 516—2017。

(3) 性能

基板化学成分和基板力学性能应符合《建筑装饰用彩钢板》JG/T 516—2017 的要求。

涂料应符合《卷材涂料》HG/T 3830—2006 或相关国家现行标准的要求。需要进行自然气候暴露试验时,按照《建筑用金属及金属复合材料　大气环境暴露试验方法》JC/T 2229—2014 的规定进行。

外观应整洁、图案清晰、色泽基板一致、无明显划伤,不应有明显压痕、印痕和凹凸等残疾,不应有漏涂、波纹和鼓泡。目视无明显色差。

彩钢板的尺寸、外形及允许偏差,镀层重量、涂层厚度、涂层性能、耐中性盐雾、自然暴露性应符合《建筑装饰用彩钢板》JG/T 516—2017 的要求。

3.5.3 装饰用砖、砌块

1. 陶瓷外墙砖

陶瓷外墙砖是用于建筑物室外墙面保护及装饰用的陶瓷砖。

（1）分类

1）按表面特性方法分类

陶瓷外墙砖按表面特性分为有釉、无釉两种。

2）按成型方法分类

陶瓷外墙砖按成型方法分为挤压砖和干压砖。其中挤压砖按尺寸偏差又分为精细和普通两种。

3）按吸水率方法分类

陶瓷外墙砖按吸水率分为瓷质砖（$E≤0.5\%$）、炻瓷砖（$0.5\%<E≤3\%$）、细炻砖（$3\%<E≤6\%$）三种。

（2）技术要求

1）表面质量

至少95%的陶瓷外墙砖其主要区域应无明显缺陷。

2）尺寸偏差

尺寸偏差应符合《陶瓷外墙砖通用技术要求》GB/T 37214—2018 的要求。

3）物理性能

物理性能应符合表 3-27 的要求。

陶瓷外墙砖物理性能　　　　　表 3-27

物理性能		技术要求
吸水率	瓷质砖	平均值≤0.5%，单个最大值≤0.6%
	炻瓷砖	0.5%<平均值≤3%，单个最大值≤3.3%
	细炻砖	3%<平均值≤6%，单个最大值≤6.5%
破坏强度	厚度（工作尺寸）≥7.5mm	平均值≥700mm
	6.5mm≤厚度（工作尺寸）<7.5mm	平均值≥550mm
	5.5mm≤厚度（工作尺寸）<6.5mm	平均值≥460mm
	厚度（工作尺寸）<5.5mm	平均值≥390mm
断裂模数	干压陶瓷外墙砖	平均值≥30N/mm^2，单个值≥27N/mm^2
	挤压陶瓷外墙砖	平均值≥20N/mm^2，单个值≥18N/mm^2
抗热震性		经10次抗热震试验后应无炸裂或裂纹
抗冻性		经试验后无裂纹或剥落
有釉砖抗釉裂性		经试验应无釉裂

4）化学性能

陶瓷外墙砖的耐污染性、耐化学腐蚀性应符合《陶瓷外墙砖通用技术要求》GB/T 37214—2018 的要求。

2. 烧结装饰砖

烧结装饰砖是以黏土、页岩、煤矸石等为原料，经配料、破碎、搅拌、成型、干燥、焙烧等主要工艺生产的，具有装饰功能的承重或薄型烧结砖。

（1）分类

可分为承重装饰砖（CZ）和薄型装饰砖（BX）两类。

（2）规格

砖的外形为直角六面体。砖的主规格长度、宽度、高度尺寸应分别符合下列要求：

承重装饰砖——长度规格尺寸（mm）：230、210；
　　　　　　——宽度规格尺寸（mm）：114、100、70；
　　　　　　——高度规格尺寸（mm）：75、60、50。

薄型装饰砖——主规格尺寸（mm）：215×60×12。

其他规格尺寸由供需双方协商确定。

（3）等级

承重装饰砖根据抗压强度分为 MU15、MU20、MU25、MU30、MU35 五个强度等级。

（4）标记

烧结装饰砖产品标记按类型、强度等级（抗折强度平均值）和标准编号顺序进行编写。示例：承重装饰砖、强度等级为 MU20 的标记为：

烧结装饰砖 CZ MU20 GB/T ××××—××××。

（5）技术要求

烧结装饰砖的尺寸允许偏差、外观质量、抗压强度（适用于承重装饰砖）、抗折强度（适用于薄型装饰砖）、泛霜、石灰爆裂、抗风化性能、耐急热急冷、放射性核素限量应符合《烧结装饰砖》GB/T 32982—2016 的规定。

3.5.4 装饰壁材

1. 硅藻泥装饰壁材

硅藻材料是硅藻生物遗骸或由其变质形成的多孔二氧化硅材料。

硅藻泥装饰壁材是以无机胶凝物质为主要粘结材料、硅藻材料为主要功能性填料配制的干粉态或水性液态内墙装饰涂覆材料。

（1）原材料

煅烧型硅藻土的性能指标应符合表 3-28 的规定。

煅烧型硅藻土的性能指标　　　　　　表 3-28

项目		指标
外观		粉末状,具有硅藻壳壁微孔结构
水分		≤0.50
水可溶物		≤0.5
pH 值(10%水浆值)		5.5～11.0
振实密度(kg/m^3)		≤530
质量含量(%)	SiO_2	≥85.0
	Fe_2O_3	≤1.5
	Al_2O_3	<5.0
	CaO	<0.5
	MgO	<0.4

非煅烧型硅藻土应无杂质、充分干燥、无结块,硅藻土有效成分不应低于75%,含水率不应大于15%。工艺砂的添加比例宜为5%~15%,且不得降低硅藻泥装饰壁材原有的功能。人工合成颜料应符合环保要求,并应提供检验报告。

(2) 硅藻泥装饰壁材

硅藻泥装饰壁材一般性能指标应符合表3-29的规定。

硅藻泥装饰壁材一般性能指标　　表3-29

项目		指标
容器中状态		均匀、无结块
施工性		施工无障碍
初期干燥抗裂性(6h)		无裂纹
表干时间(h)		≤2
耐碱性(48h)		无起泡、裂纹、剥落,无明显变色
粘结强度(MPa)	标准状态	≥0.50
	浸水后	≥0.30
耐洗刷性(次)		≥300
耐温湿性能		无起泡、裂纹、剥落,无明显变色
硅藻土含量(%)	煅烧型	≥20%
	非煅烧型	≥15%

注:1. 对于平面涂层要求测试耐洗刷性,非平面涂层不做要求;
　　2. 对于水性液态硅藻泥装饰壁材,硅藻土的含量为干燥后的质量比。

硅藻泥装饰壁材功能性指标应符合表3-30的规定。

硅藻泥装饰壁材功能性指标　　表3-30

项目		指标	
		干粉态	水性液态
调湿性能	吸湿量 w_a(1×10^{-3}kg/m²)	3h 吸湿量 w_a≥20 6h 吸湿量 w_a≥27 12h 吸湿量 w_a≥35 3h 吸湿量 w_a≥40	3h 吸湿量 w_a≥10 6h 吸湿量 w_a≥15 12h 吸湿量 w_a≥20
	放湿量 w_b(1×10^{-3}kg/m²)	24h 放湿量 w_b≥w_a×70%	
	体积含湿量比率 Δw[(kg/m³)/%]	≥0.19	≥0.12
	平均体积含湿量 $\overline{w}$(kg/m³)	≥8	≥5
甲醛净化性能		80%	
甲醛净化效果持久性		60%	
防霉菌性能		0级	1级
防霉菌耐久性能		1级	

(3) 辅助项材料

混凝土界面处理剂的技术性能应符合现行行业标准《混凝土界面处理剂》JC/T 907—2018 的有关规定。

聚合物水泥防水砂浆的技术性能应符合现行行业标准《聚合物水泥防水浆料》JC/T 2090—2011 的有关规定。

粉刷石膏的技术性能应符合现行行业标准的有关规定。

腻子的技术性能应符合现行行业标准《建筑室内用腻子》JG/T 298—2010 的有关规定。

2. 建筑装饰用无纺布墙纸

建筑装饰用无纺布墙纸也叫无纺纸墙纸，是高档墙纸/壁纸的一种，由于其采用天然植物纤维无纺工艺制成，所以拉力更强、更环保、不发霉发黄、透气性好，是高品质墙纸的主要基材。无纺产品色彩纯正、视觉舒适、触感柔和、吸声透气、典雅高贵，是高档家庭装饰的首选。与普通墙纸相比更易张贴，更防水，不易扒缝，无翘曲，接缝处完好，气味芳香，时尚美观。

（1）分类

按照材料不同分为纯无纺墙纸（代号 CW）和无防纸基底墙纸（代号 DW）两类。

按照可擦洗性分类见表 3-31。

产品分类及代号　　　　　　　　　　表 3-31

产品名称	代号	产品名称	代号
可拭墙纸	A	特别可洗墙纸	C
可洗墙纸	B	可刷洗墙纸	D

（2）规格

成品墙纸的有效宽度为 51～110cm，有效长度为 800～1000cm。如有特殊要求，应由供需双方协商或按照合同约定执行。

（3）标记

无纺布墙纸产品标记按产品代号、可擦洗性分类代号、宽度×长度和标准编号顺序进行编写。示例：宽度为 53cm、长度为 1000cm 的可拭无纺墙纸标记为：

CW A 53×1000 JG/T 509—2016。

（4）性能

成品墙纸的有效宽度和有效长度误差为±1.5%。

墙纸的外观质量应符合表 3-32 的规定。

墙纸的外观质量　　　　　　　　　　表 3-32

缺陷种类	要求	缺陷种类	要求
色差	不允许有明显差异	露底（干燥后）	不允许有
伤痕和皱褶	不允许有	漏印	不允许有
气泡	不允许有	污染点	不允许有目视明显的污染点
套印精度	偏差不大于 1.5mm		

墙纸的物理性能应符合表3-33的规定。

墙纸的物理性能　　　　　　　表3-33

项目			要求
褪色性(级)			≥4
耐摩擦色牢度(级)	干摩擦	纵向	≥4
		横向	
	湿摩擦	纵向	≥4
		横向	
遮蔽性(级)			≥3
湿润拉伸负荷(kN/m)		纵向	≥0.67
		横向	
粘合剂可拭性		横向	20次无外观上的损伤和变化

当墙纸用于有污染和湿度较高的地方时，其可洗性应符合表3-34的规定。

可洗性指标　　　　　　　表3-34

使用等级	指标	使用等级	指标
可洗	30次无外观上的损伤和变化	可刷洗	40次无外观上的损伤和变化
特别可洗	100次无外观上的损伤和变化		

墙纸的环保性能应符合《室内装饰装修材料　壁纸中有害物质限量》GB 18585—2001的规定，且应符合《环境标志产品技术要求　壁纸》HJ 2502—2010中5.1.2、5.2.1、5.3.1、5.3.2、5.3.3和5.4中的规定。

第6节　建筑产业现代化

3.6.1　预制装配式用混凝土、钢筋和钢材

混凝土、钢筋、钢材的力学性能指标和耐久性要求应符合国家现行标准《混凝土结构设计规范（2015年版）》GB 50010—2010和《钢结构设计标准（附条文说明［另册］）》GB 50017—2017的有关规定。

预制构件的混凝土强度等级不宜低于C30；预应力混凝土的强度等级不应低于C40；现浇混凝土的强度等级不应低于C25。

钢筋的选用应符合现行国家标准《混凝土结构设计规范（2015年版）》GB 50010—2010的规定。普通钢筋采用套筒灌浆连接和浆锚搭接连接时，应选用热轧带肋钢筋。

钢筋焊接网应符合现行行业标准《钢筋焊接网混凝土结构技术规程》JGJ 114—2014的规定。

预制构件的吊环应采用未经冷加工的HPB300级钢筋制作。吊装用内埋式螺母或吊杆的材料应符合国家现行相关标准的规定。

3.6.2　预制装配式用连接材料

钢筋套筒灌浆连接接头采用的套筒，应符合现行行业标准《钢筋连接用灌浆套筒》

JG/T 398—2019 的规定。

钢筋套筒灌浆连接接头采用的水泥基灌浆料，应符合现行行业标准《钢筋连接用套筒灌浆料》JG/T 408—2019 的规定。

钢筋浆锚搭接连接接头应采用水泥基灌浆料，灌浆料的性能应满足表 3-35 的要求。用于钢筋浆锚搭接连接的镀锌金属波纹管应符合现行行业标准《预应力混凝土用金属波纹管》JG 225—2020 的有关规定。镀锌金属波纹管的钢带厚度不宜小于 0.3mm，波纹高度不应小于 2.5mm。

钢筋浆锚搭接连接接头用灌浆料性能要求　　表 3-35

检测项目		性能指标
流动度(mm)	初始值	≥200
	30min 保留值	≥150
抗压强度(MPa)	1d	≥35
	3d	≥55
	28d	≥80
竖向膨胀率(%)	3h	≥0.02
	24h 与 3h 差值	0.02~0.5
氯离子含量(%)		≤0.06
泌水率(%)		0

钢筋锚固板的材料应符合现行行业标准《钢筋锚固板应用技术规程》JGJ 256—2011 的规定。

受力预埋件的锚板及锚筋材料应符合现行国家标准《混凝土结构设计规范（2015 年版）》GB 50010—2010 的有关规定。专用预埋件及连接件材料应符合国家现行有关标准的规定。

连接用焊接材料，螺栓、锚栓和铆钉等紧固件的材料应符合现行国家标准《钢结构设计标准（附条文说明［另册］）》GB 50017—2017、《钢结构焊接规范》GB 50661—2011 和《钢筋焊接及验收规程》JGJ 18—2012 等的规定。

夹心外墙板中内外叶墙板的拉结件应符合下列规定：

金属及非金属材料拉结件均应有规定的承载力、变形性和耐久性，并应经过试验验证；

拉结件应满足夹心外墙板的节能设计要求。

3.6.3　预制装配式用其他材料

外墙板接缝处的密封材料应符合下列规定：

1. 密封胶应与混凝土具有相容性，并具备规定的抗剪切和伸缩变形能力；密封胶尚应有防霉、防水、防火、耐候等性能；

2. 硅酮、聚氨酯、聚硫建筑密封胶应分别符合国家现行标准《硅酮和改性硅酮建筑密封胶》GB/T 14683—2017、《聚氨酯建筑密封胶》JC/T 482—2003 和《聚硫建筑密封胶》JC/T 483—2006 的规定；

3. 夹心外墙板接缝处填充用保温材料的燃烧性能应满足国家标准《建筑材料及制品

燃烧性能分级》GB 8624—2012 中 A 级的要求。

夹心外墙板中的保温材料，其导热系数不宜大于 0.040W/（m·K），体积吸水率不宜大于 0.3%，燃烧性能不应低于国家标准《建筑材料及制品燃烧性能分级》GB 8624—2012 中 B_2 级的要求。

装配式建筑采用的室内装修材料应符合现行国家标准《民用建筑工程室内环境污染控制标准》GB 50325—2020 和《建筑内部装修设计防火规范》GB 50222—2017 的有关规定。

3.6.4 钢筋锚固板连接

钢筋锚固板是指在混凝土浇筑前预先埋置，用于钢筋锚固的承压板（图 3-2）。钢筋机械锚固技术是将螺帽与垫板合二为一的锚固板通过螺纹与钢筋端部相连形成锚固装置。其作用机理为：钢筋的锚固力全部由锚固板承担或由锚固板和钢筋的粘结力共同承担（图 3-3），从而减少钢筋的锚固长度，节省钢筋用量。在复杂节点采用钢筋机械锚固技术还可简化钢筋工程施工，减少钢筋密集拥堵绑扎困难，改善节点受力性能，提高混凝土浇筑质量。

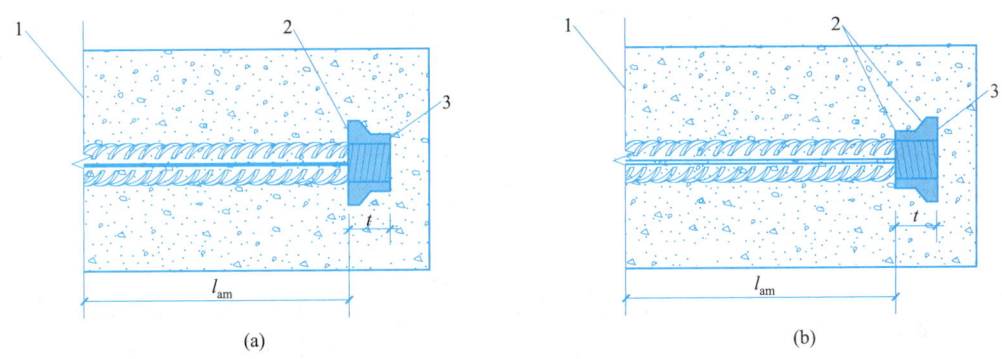

图 3-2 锚固板钢筋示意图
（a）锚固板正放；（b）锚固板反放
1—锚固区钢筋应力最大处截面；2—锚固板承压面；3—锚固板端面

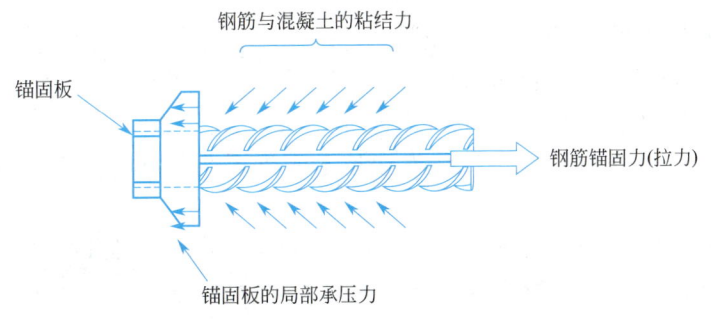

图 3-3 带锚固板钢筋的受力机理示意图

1. 分类与尺寸

锚固板可按表 3-36 进行分类。

锚固板分类 表3-36

按使用功能分	全锚固板、部分锚固板
按材料分	球墨铸铁锚固板、钢板锚固板、锻钢锚固板
按连接方式分	螺纹连接锚固板、焊接锚固板
按形状分	圆形、正方形、长方形、等厚、不等厚

锚固板应按照不同分类确定其尺寸,且应符合下列要求。

全锚固板是依靠锚固板承压面的混凝土承压作用发挥钢筋抗拉强度的锚固板。全锚固板钢筋由锚固板承担全部钢筋的锚固力,此时锚固板承压面积不应小于钢筋公称面积的9倍;部分锚固板钢筋由钢筋的粘结段和锚固板共同承担钢筋的锚固力,此时锚固板承压面积不应小于钢筋公称面积的4.5倍;锚固板厚度不应小于被锚固钢筋直径的1倍;当采用不等厚或长方形锚固板时,除应满足上述面积和厚度要求外,尚应通过国家、省部级主管部门组织的产品鉴定。钢筋粘结段长度不宜小于 $0.4l_{ab}$;锚固板与钢筋的连接强度不应小于被连接钢筋极限强度标准值,锚固板钢筋在混凝土中的实际锚固强度不应小于钢筋极限强度标准值,锚固板与钢筋的连接应优先选用螺纹连接。直径不大于25mm的钢筋可选用焊接,并宜选用穿孔塞焊。详细技术指标见行业标准《钢筋锚固板应用技术规程》JGJ 256—2011。

相比传统的钢筋锚固技术,在混凝土结构中应用钢筋机械锚固技术,可减少钢筋锚固长度40%以上,节约锚固钢筋40%以上。

2. 性能要求

锚固板原材料宜选用表3-37中的牌号,且应满足表3-37的性能要求。

锚固板原材料性能要求 表3-37

锚固板原材料	牌号	抗拉强度(MPa)	屈服强度(MPa)	延伸率(%)
球磨铸铁	QT450—10	≥450	≥310	≥10
钢板	45	≥600	≥335	≥16
	Q345	≥450~630	≥325	≥19
锻钢	45	≥600	≥335	≥16
	Q235	≥370~500	≥225	≥22

3. 施工现场锚固板钢筋的加工和安装

(1) 螺纹连接锚固板钢筋丝头加工

在施工现场加工钢筋丝头时,应符合下列规定:

1) 加工钢筋丝头的操作工人应经专业技术人员培训合格后方能上岗,人员应相对稳定;

2) 钢筋丝头的加工应在现场锚固板钢筋工艺检验合格后方可进行;

3) 钢筋端面应平整,端部不得弯曲;

4) 钢筋丝头应满足企业标准中产品设计要求,丝头长度不宜小于锚固板厚度,长度公差宜为+1.0p(p为螺距);

5) 钢筋丝头宜满足6f级精度要求,应用专用螺纹量规检验,通规能顺利旋入并达到要求的拧入长度,止规旋入不得超过3p,抽检数量10%,检验合格率不应小于95%;

6）丝头加工时应使用水性润滑液，不得使用油性润滑液。

（2）螺纹连接锚固板钢筋的安装

1）应选择检验合格的钢筋丝头与锚固板进行连接；

2）锚固板安装时，可用管钳扳手拧紧；

3）安装后应用扭力扳手进行抽检，校核拧紧扭矩，拧紧力扭矩值不应小于表 3-38 中的规定；

锚固板安装时的最小拧紧扭矩值　　　　表 3-38

钢筋直径(mm)	≤16	18～20	22～25	28～32	36～40
拧紧扭矩(N·m)	100	200	260	320	360

4）安装完成后的钢筋端面与锚固板端面应基本齐平，钢筋丝头外露长度不应超过 $1.0p$。

（3）焊接锚固板钢筋的施工

焊接锚固板钢筋在施工现场焊接时，应符合下列规定：

1）从事焊接施工的焊工必须持有焊工考试合格证，方可上岗操作；

2）在正式施焊前，参与该项施焊的焊工应进行现场条件下的焊接工艺试验，经试验合格后，方可正式施焊；

3）用于焊接锚固板的钢板、钢筋、焊条应有质量证明书和产品合格证；

4）锚固板穿孔塞焊孔尺寸应符合图 3-4 的要求；

5）采用穿孔塞焊锚固板的钢筋直径不宜大于 25mm，钢筋等级不应高于 400MPa 级；

6）用于穿孔塞焊的焊条对 335MPa 级钢筋宜选用 E5003 焊条，对 400MPa 级钢筋宜选用 E5503 焊条；

7）焊缝应饱满，钢筋咬边深度不得超过 0.5mm，钢筋相对锚固板的直角偏差不应大于 3°；

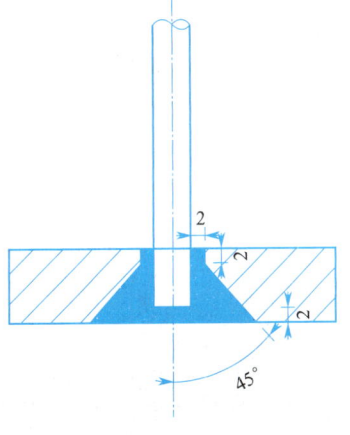

图 3-4　锚固板穿孔塞焊尺寸图

8）雨天、雪天不宜在现场进行施焊；必须施焊时，应采取有效遮蔽措施；

9）环境温度低于 −5℃ 施焊时，宜增大焊接电流、减低焊接速度；环境温度低于 −20℃ 时，不宜进行焊接。

4. 适用范围

钢筋锚固板技术的主要内容包括部分锚固板钢筋的设计应用技术、全锚固板钢筋的设计应用技术、锚固板钢筋现场加工及安装技术等。该技术适用于混凝土结构中钢筋的机械锚固，主要适用范围有用锚固板钢筋代替传统弯筋，用于框架结构梁柱节点；代替传统弯筋和直筋锚固，用于简支梁支座、梁或板的抗剪钢筋；可广泛应用于建筑工程以及桥梁、水工结构、地铁、隧道、核电站等各类混凝土结构工程的钢筋锚固，还可用作钢筋锚杆（或拉杆）的紧固件加工等。

该项钢筋机械锚固技术已在核电工程、水利水电、房屋建筑等工程领域得到较为广泛的应用。

3.6.5 钢筋套筒灌浆连接

钢筋套筒灌浆连接技术是指带肋钢筋插入内腔为凹凸表面的灌浆套筒,向套筒与钢筋的间隙灌注专用高强水泥基灌浆料,灌浆料凝固后将钢筋锚固在套筒内实现针对预制构件的一种钢筋连接技术。该技术将灌浆套筒预埋在混凝土构件内,在安装现场从预制构件外通过注浆管将灌浆料注入套筒,来完成预制构件钢筋的连接,是预制构件中受力钢筋连接的主要形式,主要用于各种装配整体式混凝土结构的受力钢筋连接。

钢筋套筒灌浆连接接头由钢筋、灌浆套筒、灌浆料组成,其中灌浆套筒分为半灌浆套筒和全灌浆套筒,半灌浆套筒连接的接头一端为灌浆连接,另一端为机械连接。全灌浆套筒连接指两端均采用灌浆连接(图3-5)。

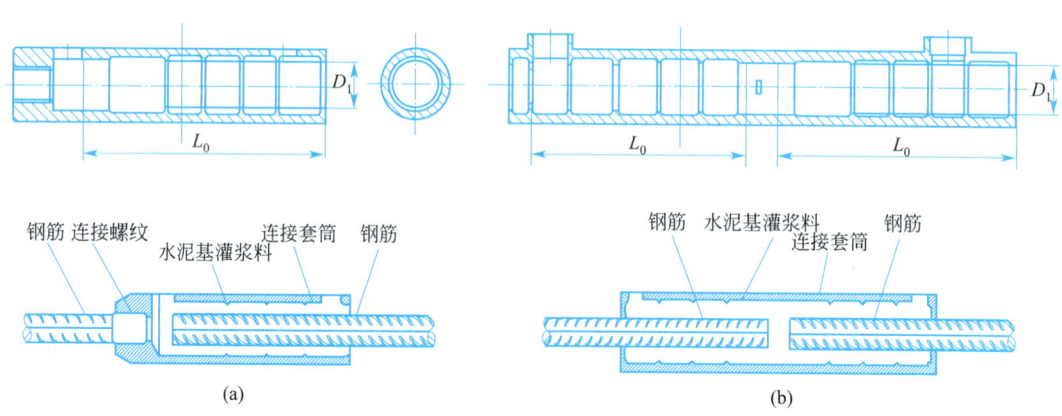

图 3-5 灌浆套筒示意
(a)半灌浆套筒;(b)全灌浆套筒
L_0—灌浆端用于钢筋锚固的深度;D_1—锚固段环形凸起部分的内径

钢筋套筒灌浆连接施工流程主要包括预制构件在工厂完成套筒与钢筋的连接、套筒在模板上的安装固定和进出浆管道与套筒的连接,在建筑施工现场完成构件安装、灌浆腔密封、灌浆料加水拌合及套筒灌浆。

竖向预制构件的受力钢筋连接可采用半灌浆套筒或全灌浆套筒。构件宜采用连通腔灌浆方式,并应合理划分连通腔区域。构件也可采用单个套筒独立灌浆,构件就位前水平缝处应设置坐浆层。套筒灌浆连接应采用由经接头型式检验确认的与套筒相匹配的灌浆料,使用与材料工艺配套的灌浆设备,以压力灌浆方式将灌浆料从套筒下方的进浆孔灌入,从套筒上方出浆孔流出,及时封堵进出浆孔,确保套筒内有效连接部位的灌浆料填充密实。

水平预制构件纵向受力钢筋在现浇带处连接可采用全灌浆套筒连接。套筒安装到位后,套筒注浆孔和出浆孔应位于套筒上方,使用单套筒灌浆专用工具或设备进行压力灌浆,灌浆料从套筒一端进浆孔注入,从另一端出浆口流出后,进浆、出浆孔接头内灌浆料浆面均应高于套筒外表面最高点。

套筒灌浆施工后,灌浆料同条件养护试件的抗压强度达到35MPa后,方可进行对接头有扰动的后续施工。

1. 灌浆套筒

(1) 分类

灌浆套筒按加工方式分为铸造灌浆套筒和机械加工灌浆套筒。铸造灌浆套筒宜选用球墨铸铁，机械加工灌浆套筒宜选用优质碳素结构钢、低合金高强度结构钢、合金结构钢或其他经过接头型式检验确定符合要求的钢材。

灌浆套筒按结构形式分为全灌浆套筒和半灌浆套筒。

半灌浆套筒按非灌浆一端连接方式分为直接滚轧直螺纹灌浆套筒、剥肋滚轧直螺纹灌浆套筒和墩粗直螺纹灌浆套筒。

(2) 型号

灌浆套筒型号由名称代号、分类代号、主参数代号和产品更新变型代号组成。灌浆套筒主参数为被连接钢筋的强度级别和直径。

示例：连接标准屈服强度为 400MPa、直径 40mm 钢筋，采用铸造加工的整体式全灌浆套筒表示为：GTZQ4 40。

连接标准屈服强度为 500MPa 钢筋、灌浆端连接直径 36mm 钢筋、非灌浆端连接直径 32mm 钢筋、采用机械加工方式加工的剥肋滚轧直螺纹灌浆套筒的第一次变型表示为：GTJB5 36/32A。

(3) 灌浆套筒性能

灌浆套筒的设计、生产和制造应符合现行行业标准《钢筋连接用灌浆套筒》JG/T 398—2019 的相关规定。

灌浆套筒的材料性能主要指标见表 3-39。

灌浆套筒的材料性能要求 表 3-39

套筒种类	项目	性能指标
球墨铸铁灌浆套筒	抗拉强度 σ_b(MPa)	≥550
	断后伸长率 δ_5(%)	≥5
	球化率(%)	≥85
	硬度(HBW)	180~250
各类钢灌浆套筒	屈服强度 σ_s(MPa)	≥355
	抗拉强度 σ_b(MPa)	≥600
	断后伸长率 δ_5(%)	≥16

套筒材料在满足断后伸长率等指标要求的情况下，可采用抗拉强度超过 600MPa（如 900MPa、1000MPa）的材料，以减小套筒壁厚和外径尺寸，也可根据生产工艺采用其他强度的钢材。灌浆料在满足流动度等指标要求的情况下，可采用抗压强度超过 85MPa（如 110MPa、130MPa）的材料，以便于连接大直径钢筋、高强钢筋和缩短灌浆套筒长度。

铸造灌浆套筒内外表面不应有影响使用性能的夹渣、冷隔、砂眼、缩孔、裂纹等质量缺陷；机械加工灌浆套筒表面不应有裂纹或其他影响接头性能的其他缺陷，端面和外表面的边棱处应无尖棱、毛刺；灌浆套筒外表面标识应清晰，灌浆表面不应有锈皮。

灌浆套筒进场时，应抽取灌浆套筒检验外观质量、标识和尺寸偏差。同一批号、同一类型、同一规格的灌浆套筒，不超过1000个为一批，每批随机抽取10个灌浆套筒。

2. 钢筋连接用套筒灌浆料

套筒灌浆料是指以水泥为基本材料，配以细骨料，以及混凝土外加剂和其他材料组成的干混料，其加水搅拌后具有良好的流动、早强、高强、微膨胀等性能，可填充于套筒和带肋钢筋间隙内。

套筒灌浆料应与灌浆套筒匹配使用，使用温度不低于5℃。套筒灌浆料的技术性能要求见表3-40。

专用水泥基灌浆料应符合现行行业标准《钢筋连接用套筒灌浆料》JG/T 408—2019的各项要求。

套筒灌浆料的技术性能要求　　　　　　　　　表3-40

检测项目		性能指标
流动度(mm)	初始	≥300
	30min	≥260
抗压强度(MPa)	1d	≥36
	3d	≥60
	28d	≥85
竖向膨胀率(%)	3h	≥0.02
	24h与3h差值	0.02～0.5
氯离子含量(%)		≤0.03
泌水率(%)		0

灌浆料进场时，应对灌浆料拌合物30min流动度、泌水率及3d抗压强度、28d抗压强度、3h竖向膨胀率、24h与3h竖向膨胀率差值进行检验。同一成分、同一批号的灌浆料，不超过50t为一批。

3. 钢筋套筒灌浆连接

（1）材料要求

套筒灌浆连接的钢筋直径不宜小于12mm，且不宜大于40mm。

灌浆套筒灌浆端最小内径与连接钢筋公称直径差最小值见表3-41。用于钢筋锚固的深度不宜小于插入钢筋公称直径的8倍。

灌浆套筒灌浆端最小内径尺寸要求　　　　　　　　　表3-41

钢筋直径(mm)	灌浆套筒灌浆端最小内径与连接钢筋公称直径差最小值(mm)	钢筋直径(mm)	灌浆套筒灌浆端最小内径与连接钢筋公称直径差最小值(mm)
12～25	10	28～40	15

灌浆料抗压强度应符合接头设计要求。灌浆料抗压强度试件尺寸应按40mm×40mm×160mm尺寸制作，加水量应按灌浆料产品说明书确定，试件应按标准方法制作、养护。

（2）接头性能要求

套筒灌浆连接接头强度应满足强度和变形性能要求。钢筋套筒灌浆连接接头的抗拉强度不应小于连接钢筋抗拉强度标准值,且破坏时应断于接头外钢筋。

钢筋套筒灌浆连接接头的屈服强度不应小于连接钢筋屈服强度标准值。

套筒灌浆连接接头应能经受规定的高应力和大应变反复拉压循环试验,且在经历拉压循环后,其抗拉强度仍应符合规定。

套筒灌浆连接接头单向拉伸、高应力反复拉压、大变形反复拉压试验加载过程中,当接头拉力达到钢筋抗拉荷载标准值的1.15倍而未发生破坏时,应判为抗拉强度合格,可停止试验。

钢筋套筒灌浆连接技术的应用须满足国家现行标准《装配式混凝土结构技术规程》JGJ 1—2014、《钢筋套筒灌浆连接应用技术规程》JGJ 355—2015 和《装配式混凝土建筑技术标准》GB/T 51231—2016的相关规定。钢筋套筒灌浆连接的传力机理比传统机械连接更复杂,《钢筋套筒灌浆连接应用技术规程》JGJ 355—2015对钢筋套筒灌浆连接接头性能、型式检验、工艺检验、施工与验收等进行了专门要求。

灌浆套筒进场时,应抽取灌浆套筒并采用与之匹配的灌浆料制作对中连接接头试件,并进行抗压强度检验,检验结果应符合要求。

同一批号、同一类型、同一规格的灌浆套筒,不超过1000个为一批,每批随机抽取3个灌浆套筒制作对中连接接头试件。

4. 适用范围

本技术适用于装配整体式混凝土结构中直径为12~40mm的HRB400、HRB500钢筋的连接,包括预制框架柱和预制梁的纵向受力钢筋、预制剪力墙竖向钢筋等的连接,也可用于现浇结构竖向及水平钢筋的连接。

第7节 电气工程材料和设备

3.7.1 铜铝复合排、铜铝复合母线

1. 铜铝复合排

铜铝复合排(图3-6)是一种能够全面替代铜排的新型节能导体材料,外表为铜、内芯为铝。铜铝复合母线采用热复合平立连轧直接成型工艺,通过坯料模铸成型(或坯料冷成型)、加热、连轧及表面处理等程序制作而成。影响铜铝复合母线界面结合最关键的工序是热复合和平立连轧,可根据铜铝复合母线的规格确定坯料成型工艺,通过计算机控制热复合的温度和时间及五平四立连轧变形参数,使铜铝界面形成均匀连续的结合层,界面结合强度达到35MPa以上。目前,铜铝复合排系列产品宽度在30~200mm,厚度在2.8~20mm,共390种规格,能够全面满足大电流导体材料的需求。

图3-6 铜铝复合排

铜铝复合排把铜、铝两种优良导体的优势集于一体，既达到高的导电性能，保持了接触电阻小、抗氧化能力强的特点，又减轻了重量，降低了成本。同种规格的铜铝复合排载流量达到铜排（T2）的86%，而同等载流量的铜铝复合排价格是铜排（T2）的60%，因此以较低成本可选较大截面，降低温升，达到低阻抗、低能耗。

2. 新型节能母线槽

新型节能母线槽是一种低成本节能母线槽，采用铜铝复合排作导体（图3-7），集中了国内外母线槽的优点，结构合理、外形美观、性价比高，各项性能参数符合IEC 60439.2的要求。

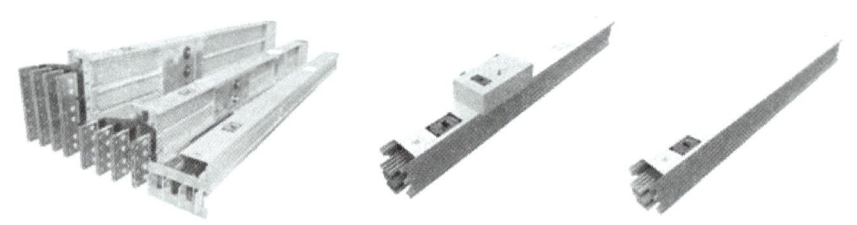

图3-7 铜铝复合母线槽

（1）产品特点

1）新型母线槽是一种低成本节能母线槽。采用铜铝复合排作导体，大幅降低了成本，相对于铜排母线槽而言，不但减少了工程初始投资，而且降低了线路能耗，减小了使用过程中的电费成本，在整个寿命周期内，能耗最低、费用最小。

2）智能温控，可有效预防电气事故。新型母线槽采用智能在线温控系统，可随时监控供电系统上母线槽连接点温度，避免因过热故障引起的重大电气事故。

3）加强型铝镁合金型材外壳。其有效减小涡流产生，提高载流能力；特殊结构设计，既加强了散热，又提高了刚度；外壳无螺钉组装，外形美观，提高了防护等级；外壳阳极氧化，防腐能力强；屏蔽作用良好，减小母线谐波电流。

4）整体重量减轻一半，安装方便，提高了安装速度，减小了安装费用；导体因自重产生的弯曲应力减小，使用寿命更长。

5）铝合金外壳具有良好的导电性能，无论利用外壳做PE保护接地排，还是外壳与独立设置的PE排共同构成保护接地系统，其保护能力都优于"钢外壳＋独立PE排"。

（2）产品优势

新型节能母线槽成本低、安全性高、节能效果好、性价比高，具有五大优势，是用户首选的母线槽。

1）安全性能和参数与铜排母线槽相同；

2）产品低阻抗、低压降、低损耗，运行安全可靠；

3）结构新颖、外形美观、绝缘可靠；

4）采用铜铝复合排作导体，大幅降低了成本，低于普通铜电缆价格，但比电缆安全可靠，安装简便；

5）节能降耗。

3.7.2 预分支电缆

预分支电缆（图 3-8）是工厂在生产主干电缆时按用户要求的主、分支电缆型号及规格、截面、长度、分支位置等指标预制分支线的电缆，是近年来的一项新技术产品。预分支电缆由主干电缆、分支线、分支接头、相关附件四部分组成。预分支电缆是高层建筑中母线槽供电的替代产品，具有供电可靠、安装方便、防水性好、占建筑面积小、故障率低、价格便宜、免维修维护等优点，适用于交流额定电压为 0.6/1kV 配电线路中。其广泛应用于高中层建筑、住宅楼、商厦、宾馆、医院电气竖井内垂直供电，也适用于隧道、机场、桥梁、公路等供电系统。

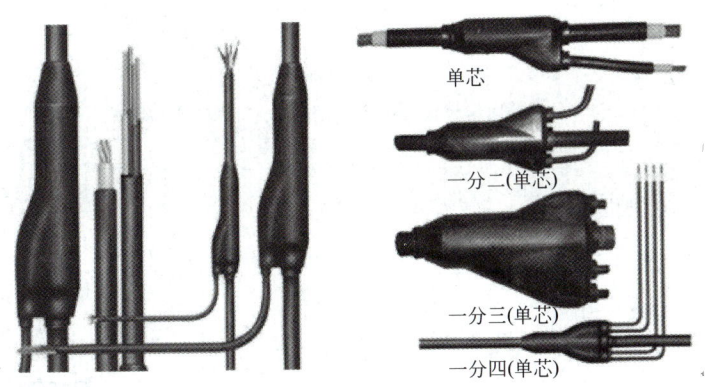

图 3-8 预分支电缆

3.7.3 建筑电气用可弯曲金属导管

建筑电气用可弯曲金属导管是指只需用手施以适当的力即可弯曲，但不预期被频繁弯曲的金属导管。供强电线路、弱电/智能化线路的绝缘电线、电缆或光缆之用，使之得以进出和/或更换。

可弯曲金属导管内层为热固性粉末涂料，粉末通过静电喷涂，均匀吸附在钢带上，经 200℃ 高温加热液化再固化，形成质密又稳定的涂层，涂层自身具有绝缘、防腐、阻燃、耐磨损等特性，厚度为 0.03mm。

1. 分类

按功能分为三类：

基本型，无代号，结构如图 3-9 所示。

防水型，代号为 V，结构如图 3-10 所示。

无卤防水型，代号为 WV，结构如图 3-10 所示。

按机械性能分为轻型（代号为 L）、中型（代号为 M）和重型（代号为 H）三类。

2. 标记

导管标记表示如下：

示例：规格为 32 的中型防水型建筑电气用可弯曲金属导管标记为 KJG-VM32 JG/T 526—2017。

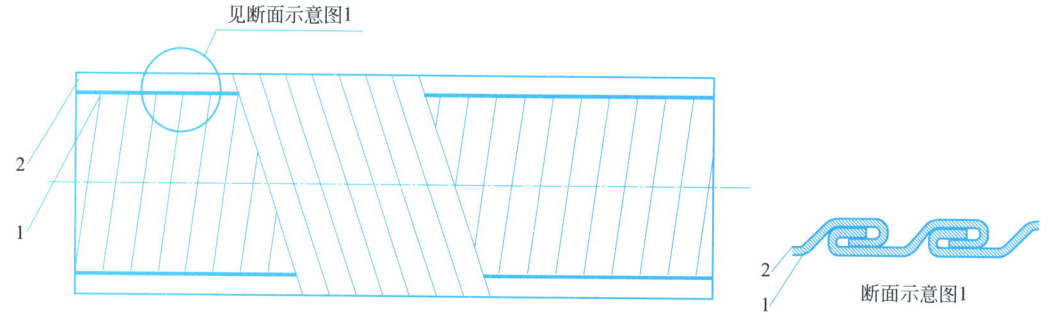

图 3-9 基本型导管示意图
1—绝缘防腐材料（热固性粉末涂料）；2—热镀锌钢带

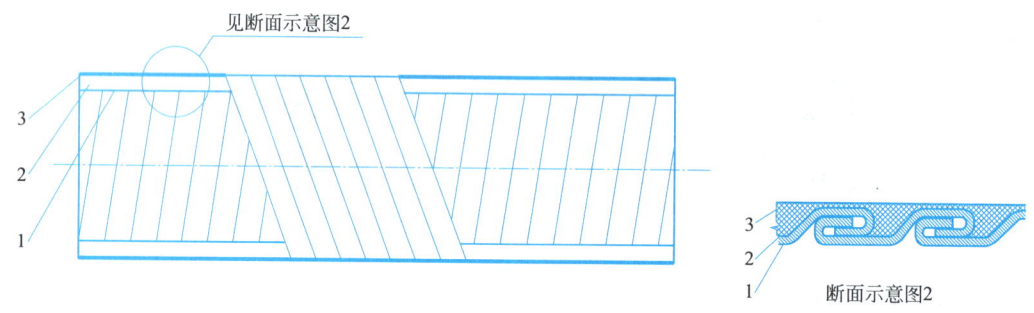

图 3-10 防水型/无卤防水型导管示意图
1—绝缘防腐材料（热固性粉末涂料）；2—热镀锌钢带；3—护套

3. 原材料

（1）钢带

导管原材料应采用热镀锌钢带，厚度应满足《建筑电气用可弯曲金属导管》JG/T 526—2017 的要求。热镀锌钢带应选用屈服强度为 195MPa 的碳素结构钢，热镀锌钢带镀层应采用热镀锌镀层 Z30/40。

（2）绝缘防腐材料

导管内壁应采用热固性粉末涂料作绝缘防腐材料。

（3）护套

护套均应采用阻燃材料，防水型导管护套应采用聚氯乙烯，无卤防水型导管护套应采用聚乙烯。

导管常用的附件连接器应与导管配套使用，连接器宜采用压铸锌合金材料，表面应镀锌或镀铬。

4. 应用

可弯曲金属导管是我国建筑材料行业新一代电线电缆外保护材料，已被编入设计、施工与验收规范，大量应用于建筑电气工程的强电、弱电、消防系统，明敷和暗敷场所，逐步成为一种较理想的电线电缆外保护材料。

可弯曲金属导管适用场合宜按表 3-42 选用。

导管适用场所　　　　　　　　　　表 3-42

适用场所	基本型			防水型			无卤防水型		
	轻型	中型	重型	轻型	中型	重型	轻型	中型	重型
明敷于干燥场所	√	√	○	—	—	—	○	○	○
明敷于潮湿场所	—	—	—	√	√	√	○	○	○
明敷于有低毒要求的潮湿场所	—	—	—	—	—	—	√	√	√
暗敷于二次砌筑及其他非现浇混凝土墙内	—	√	○	—	○	○	—	—	○
暗敷于现浇混凝土、楼板垫层内	—	—	√	—	—	○	—	—	○
暗敷于潮湿场所	—	—	—	—	—	√	—	—	○

注：1. √代表推荐使用，○代表可以使用，—代表不宜使用；
　　2. 轻型导管仅适用于与末端电气设备连接（不大于 1.2m）；
　　3. 明敷包括吊顶内敷设

第 8 节　给水排水及采暖工程新材料和新设备

3.8.1　箱泵一体化设备

箱泵一体化设备（图 3-11）是将管道系统中使用的水箱和水泵等连为一体，使水泵、控制柜、无负压装置等设备置于水箱中，通过水箱隔板使设备与水箱中的水隔离。

3.8.2　同层排水设备材料

同层排水（图 3-12）是卫生间排水系统中的一个新颖技术，排水管道在本层内敷设，采用了一个共用同层排水系统的水封管配件代替诸多的"P 弯"、"S 弯"，整体结构合理，所以不易发生堵塞，而且容易清理、疏通，用户可以根据自己的爱好和意愿，个性化地布置卫生间洁具的位置。

图 3-11　箱泵一体化设备

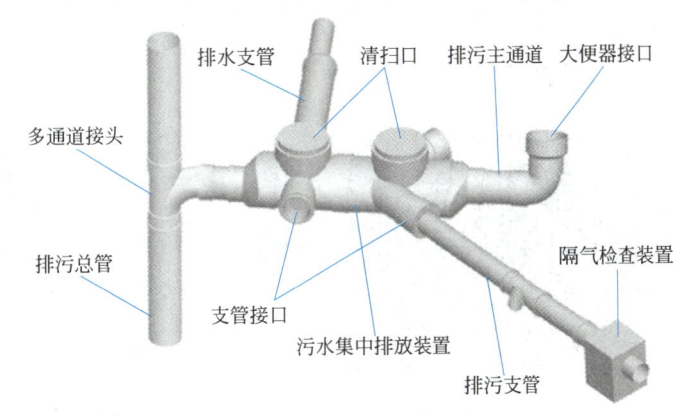

图 3-12　同层排水系统

3.8.3　免冲水小便器

免冲水小便器（图 3-13）是由特殊角度设计的陶瓷件和可更换的滤芯组成。滤芯被固定于小便斗底部的基座内，并与排水管道相通，小便器无须配套冲水阀，无须安装供水管线。免冲小便器的核心是智能滤芯，它的设计及表面抗渗材料的使用使尿液通过独特的可生物降解的隔绝液流入滤芯，隔绝液清香宜人，阻断了尿液与卫厕中空气水分的接触，从而防止了异味的泄漏。除此之外，因为免水所以无水垢的产生，避免造成排水管道堵塞，保持了管道的畅通，营造了一个真正清新的卫厕环境，同时避免了水资源的浪费。

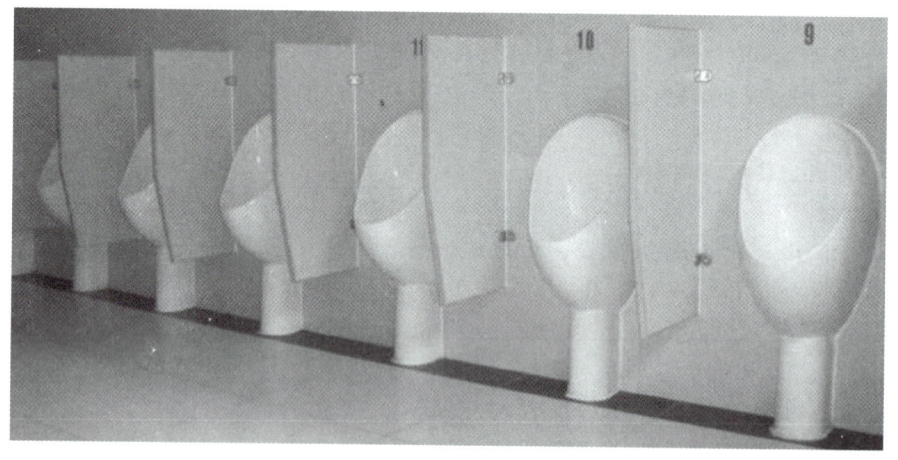

图 3-13　免冲水小便器

3.8.4　高密度聚乙烯外护管聚氨酯发泡预制直埋保温钢塑复合管

高密度聚乙烯外护管聚氨酯发泡预制直埋保温钢塑复合管适用于供热（冷）及生活热水输送系统，是由耐热聚乙烯和增强钢带复合挤出成型的钢塑复合管为工作管，聚氨酯硬质泡沫塑料为保温层，高密度聚乙烯管为外护管的预制直埋保温管（图 3-14）。

保温钢塑复合管应为由工作管、保温层和外护管紧密结合的三位一体式结构。保温层内可安装支架和报警线，产品结构示意如图 3-15 所示。

图 3-14　保温钢塑复合管

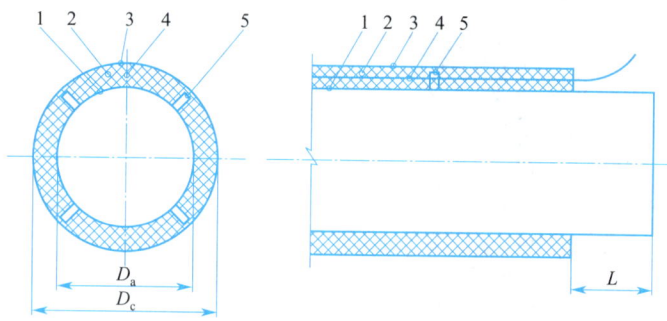

图 3-15　产品结构示意图
1—工作管；2—保温层；3—外护管；4—报警线；5—支架；
D_c—工作管公称外径；D_a—工作管公称内径；L—预留端

1. 材料

（1）工作管

工作管（图 3-16）所用聚乙烯应采用耐热聚乙烯，其性能应符合《冷热水用耐热聚乙烯（PE-RT）管道系统　第1部：总则》GB/T 28799.1—2020的规定。

工作管所用增强钢带应采用低碳冷轧钢带或低碳热轧钢带材料。当采用低碳冷轧钢带时，其性能应符合《低碳钢冷轧钢带》YB/T 5059—2013的规定；当采用低碳热轧钢带时，其性能应符合《碳素结构钢和低合金结构钢热轧钢带》GB/T 3524—2015的规定。增强钢带的抗拉强度应大于或等于260MPa。

（2）外护管

外护管应使用高密度聚乙烯树脂材料，用于制作外护管的高密度聚乙烯树脂应按《热塑性塑料压力管材和管件用材料分级和命名　总体使用（设计）系数》GB/T 18475—2001的规定进行定级，并应采用PE80或更高级的原料。高密度聚乙烯树脂的密度应大于935kg/m³。

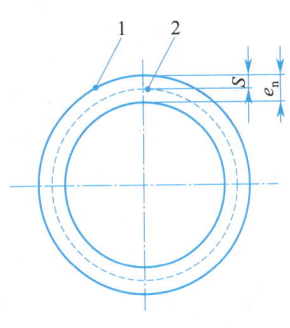

图3-16　工作管的结构
1—工作管；2—增强钢带；
e_n—工作管壁厚；
S—工作管外壁至增强钢带的厚度

外护管应含有用以提高其性能的抗氧剂、紫外线吸收剂、着色剂、碳黑等其他材料。外护层可使用不大于5%（质量分数）洁净、未降解的回用料，且回用料应是同一制造商在产品生产过程中产生的。回用料在使用时应分散均匀。

（3）保温层

保温层材料应采用聚氨酯硬质泡沫塑料。

2. 性能

工作管可为黑色或白色，内外表面应光滑平整，不应有气泡、裂口、分解变色线、明显的杂质及刮痕，管材两端应进行防渗密封处理。工作管使用的增强钢带在成型前应进行预处理，去除铁锈、轧钢鳞片、油脂、灰尘、漆、水分或其他沾染物。工作管的规格、尺寸及偏差、不圆度、增强钢带厚度、弯曲度、受压开裂稳定性、纵向尺寸回缩率、强度、热稳定性、熔体质量流动速率变化率、透氧率应符合现行国家标准《高密度聚乙烯外护管聚氨酯发泡预制直埋保温钢塑复合管》GB/T 37263—2018的规定。

外护管应为黑色。外护管内外表面不应有影响其性能的沟槽，不应有气泡、裂纹、凹陷、杂质、颜色不均等缺陷。其规格尺寸、密度、纵向回缩率、拉伸屈服强度、断裂伸长率、热稳定性、耐环境应力开裂、长期机械稳定性应符合现行国家标准《高密度聚乙烯外护管聚氨酯发泡预制直埋保温钢塑复合管》GB/T 37263—2018的规定。

保温钢层任意位置泡沫的密度应大于或等于55kg/m³，任意位置泡沫的闭孔率应大于或等于90%，泡孔应均匀细密，沿径向测量的泡孔平均尺寸应小于或等于0.5mm，泡沫的吸水率应小于或等于10%，未进行老化试验的泡沫在50℃平均温度下的导热系数应小于或等于0.033W/(m·K)，泡沫的压缩强度应大于或等于0.30MPa，空洞、气泡、耐热性厚度也应符合标准要求。

保温钢塑复合管的轴向剪切强度、保温层挤压变形量、外护管划痕深度、工作管端头预留尺寸、外护管外径增大率、报警线、轴线偏心距应符合现行国家标准《高密度聚乙烯外护管聚氨酯发泡预制直埋保温钢塑复合管》GB/T 37263—2018的规定。

第9节 节能与能源利用、智慧城市

3.9.1 节能照明与控制

1. LED照明

利用LED作为光源制造出来的照明器具就是LED灯具。LED（Lighting Emitting Diode）照明即是发光二极管照明，是一种半导体固体发光器件。它是利用固体半导体芯片作为发光材料，在半导体中通过载流子发生复合放出过剩的能量而引起光子发射，直接发出红、黄、蓝、绿色的光，在此基础上，利用三基色原理，添加荧光粉，可以发出任意颜色的光。

LED照明相对传统照明具有节能、环保、长寿命、可智能控制等优点，光效可达到100lm/W以上，同等照明效果比传统照明产品节能50%以上；不含汞等重金属污染，不产生紫外线；5万~10万h寿命，寿命比传统照明产品提高2倍以上，并不受频繁开关影响；采用电子驱动技术，可方便地与照明智能控制技术结合。发光二极管灯具以其高效、节能、安全、"长寿"、小巧、清晰光线等技术特点，正在成为新一代照明市场的主力产品。

2. 照明智能控制技术

照明控制技术是指根据室内外照明需要，通过微波及红外感应技术定时开关灯或调节照明光的强弱，在满足相关使用场所照明标准的要求下，达到节能的目的。开关或调光的方法包括声控、光控、触控、遥控等方式。

3.9.2 可再生能源

1. 太阳能光伏系统

太阳能光伏系统是指利用光伏电池的光伏效应将太阳辐射能直接转换成电能的发电系统。一般分为独立系统、并网系统和混合系统。如果根据太阳能光伏系统的应用形式、应用规模和负载的类型可以细致地划分为七种类型：小型太阳能供电系统，简单直流系统，大型太阳能供电系统，交流、直流供电系统，并网系统，混合供电系统，并网混合系统。

2. 太阳能热水系统

太阳能热水系统是指利用太阳能集热器，收集太阳辐射能把水加热的一种热水系统。太阳能热水系统的分类以加热循环方式可分为自然循环式太阳能热水系统、强制循环式太阳能热水系统、储置式太阳能热水系统三种。

3. 地源热泵

地源热泵是指利用地下浅层地热资源既能供热又能制冷的高效节能环保型空调系统。地源热泵通过输入少量的高品位能源（电能），即可实现能量从低温热源向高温热源的转移。在冬季，把土壤中的热量"取"出来，提高温度后供给室内用于采暖；在夏季，把室内的热量"取"出来释放到土壤中去，并且能常年保证地下温度的均衡。

3.9.3 智慧城市

1. 物联网信息汇聚交换平台

由基础市政设施、基础城市实体、移动的商品和物体、城市资源与环境和居民个体及群体等几大部分构成的城市进行全面深度的感知，与地理信息系统（GIS）紧密结合形成包括城市生态环境感知、生命线监控、交通监管、建筑设施监测、公共设施监控等在内的、覆盖城市组成部分的智能互联感知网络，为智慧城市的综合应用和建设提供智能化的信息感知网络。

2. 智慧城市管理

以打造智慧型、服务型、综合型的城市管理为主线，创建全景化、效能化、智慧化的全生命周期城市管理，建设精细智慧、科学高效的城市基础设施管理模式，打造和谐协同、资源共享的城市社会管理体系，实现城市健康有序发展。其主要功能包括：（1）无线数据采集系统；（2）地理编码系统；（3）协同工作系统；（4）监督中心受理系统；（5）大屏幕监督指挥系统；（6）城市管理门户网站；（7）城市管理综合评价系统；（8）应用维护系统；（9）基础数据资源管理系统；（10）视频监控系统；（11）市容监察系统；（12）广告监察管控系统；（13）建设工地管理系统；（14）全民城管系统；（15）智慧环卫系统；（16）GIS 基础平台；（17）作业车辆 GPS 监管系统；（18）垃圾收集监管系统。

3. 智慧园区集成管控平台

基于"云-管-端"架构，以物联网、云计算为技术手段，为大数据的信息存储、分享和挖掘提供解决方法。通过建立标准化终端，进行全面的信息采集，经过园区信息高速公路传输，再通过绿色云平台，实现园区业务和管理的智能化。建成具备信息化、智能化、物联网功能、移动互联功能、电子商务功能、节能环保以及生活、休闲、娱乐、健身一体化的智慧园区。

4. 智慧家居

由传感设备、执行设备、信息转换设备以及家庭中央控制器组成，采用有线或无线通信协议对家居环境和家居设施智能化集成管理，实现家居生活服务智慧化，构建安全、便利、舒适、节能的居住环境。

第4章 新技术

第1节 混凝土中钢筋检测技术

4.1.1 钢筋公称直径检测

1. 一般规定

(1) 钢筋公称直径的检测可采用直接法或取样称量法。

(2) 当出现下列情况之一时，应采用取样称量法进行检测：

1) 仲裁性检测；

2) 对钢筋直径有争议；

3) 缺失钢筋资料；

4) 委托方有要求。

(3) 钢筋公称直径检测前应确定钢筋位置。

2. 抽样规定

(1) 当采用直接法检测钢筋公称直径时，钢筋抽样可按下列规定进行：

1) 单位工程建筑面积不大于2000m² 同牌号同规格的钢筋应作为一个检测批；

2) 工程质量检测时，每个检测批同牌号同规格的钢筋各抽检不应少于1根；

3) 结构性能检测时，每个检测批同牌号同规格的钢筋各抽检不应少于2根；当图纸缺失时，选取钢筋应具有代表性。

(2) 当采用取样称量法检测钢筋直径时，抽样应符合抽样的规定。

3. 取样称量法

(1) 采用取样称量法检测钢筋公称直径时，应符合下列规定：

1) 应沿钢筋走向凿开混凝土保护层；

2) 截取长度不宜小于500mm；

3) 应清除钢筋表面的混凝土，用12%盐酸溶液进行酸洗，经清水漂净后，用石灰水中和，再以清水冲洗干净；

4) 应调直钢筋，并对端部进行打磨平整，测量钢筋长度，精确至1mm；

5) 钢筋表面晾干后，应采用天平称重，精确至1g。

(2) 钢筋直径应按式(4-1)进行计算：

$$d = 12.74\sqrt{\frac{\omega}{l}} \tag{4-1}$$

式中 d——钢筋直径（mm），精确至0.1mm；

ω——钢筋试件质量（g），精确至0.1g；

l——钢筋试件长度（mm），精确至1mm。

(3) 钢筋实际重量与理论重量的偏差应按式(4-2)计算：

$$p = \frac{G_1/l - g_0}{g_0} \tag{4-2}$$

式中　p——钢筋实际重量与理论重量偏差（%）；
　　　G_1——钢筋试件实际重量（g），精确至0.1g；
　　　g_0——钢筋单位长度理论重量（g/mm）；
　　　l——钢筋试件长度（mm），精确至1mm。

（4）钢筋实际重量与理论重量的允许偏差应符合表4-1的规定。

钢筋实际重量与理论重量的允许偏差　　　　表4-1

公称直径（mm）	单位长度理论重量（g/mm）	带肋钢筋实际重量与理论重量的偏差（%）	光圆钢筋实际重量与理论重量的偏差（%）
6	0.222	+6，−8	+6，−8
8	0.395		
10	0.617		
12	0.888		
14	1.21	+4，−6	+4，−6
16	1.58		
18	2.00		
20	2.47		
22	2.98	+3，−5	
25	3.85		
28	4.83		
32	6.31		
36	7.99		
40	9.87		

4. 直接法

（1）本方法宜用于光圆钢筋和带肋钢筋。对于环氧涂层钢筋应清除环氧涂层。

（2）直接法检测混凝土中钢筋直径应符合下列规定：

1）应剔除混凝土保护层，露出钢筋，并将钢筋表面的残留混凝土清除干净；

2）应用游标卡尺测量钢筋直径，测量精确到0.1mm；

3）同一部位应重复测量3次，将3次测量结果的算术平均值作为该测点钢筋直径检测值。

（3）钢筋直径的测量应符合下列规定：

1）对光圆钢筋，应测量不同方向的直径；

2）对带肋钢筋，宜测量钢筋内径。

5. 检测结果评定

（1）采用直接法检测时，光圆钢筋直径应符合现行国家标准《钢筋混凝土用钢　第1部分：热轧光圆钢筋》GB 1499.1—2017的规定；带肋钢筋内径允许偏差应符合现行国家标准《钢筋混凝土用钢　第2部分：热轧带肋钢筋》GB 1499.2—2018的规定，并应根据内径推定带肋钢筋的公称直径。

（2）钢筋直径检测结果评定宜符合现行国家标准《建筑结构检测技术标准》GB/T 50344—2019 和《混凝土结构现场检测技术标准》GB/T 50784—2013 的规定。

4.1.2　钢筋力学性能检测

1. 一般规定

（1）当存在下列情况之一时，应进行钢筋力学性能检测：

1）缺乏钢筋进场抽检试验报告；

2）缺乏相关设计资料；

3）对钢筋力学性能存在怀疑时。

（2）混凝土中钢筋的力学性能应采用直接截取钢筋进行检测，检测项目应符合现行国家标准《钢筋混凝土用钢　第1部分：热轧光圆钢筋》GB 1499.1—2017 和《钢筋混凝土用钢 第2部分：热轧带肋钢筋》GB 1499.2—2018 的规定。

（3）截取钢筋前后，应对截取钢筋的构件采取防护和修复措施。

2. 抽样规定

（1）对构件内钢筋进行截取时，应符合下列规定：

1）应选择受力较小的构件进行随机抽样，并应在抽样构件中受力较小的部位截取钢筋；

2）每个梁、柱构件上截取1根钢筋，墙、板构件每个受力方向截取1根钢筋；

3）所选择的钢筋应表面完好，无明显锈蚀现象；

4）钢筋的截断宜采用机械切割方式；

5）截取的钢筋试件长度应符合钢筋力学性能试验的规定。

（2）工程质量检测时，钢筋的抽样数量应符合下列规定：

1）当有钢筋材料进场记录时，根据钢筋材料进场记录确定检测批；当钢筋材料进场记录缺失时，按照单位工程建筑面积不大于 3000m^2 的钢筋作为一个检测批。

2）在一个检测批内，仅对有疑问的钢筋进行取样，相同牌号和规格的钢筋截取钢筋试件不应少于2根。

（3）结构性能评价时，钢筋的抽样数量应符合下列规定：

1）单位工程建筑面积不大于 3000m^2 的钢筋应作为一个检测批；

2）在一个检测批中，随机抽取同一种牌号和规格的钢筋，截取钢筋试件数量不应少于2根。

（4）评估损伤钢筋的力学性能时，应根据不同受损程度确定取样范围和数量。每类受损程度截取的钢筋试件数量不应少于2根。

3. 检测结果评定

（1）钢筋力学性能试验应符合现行国家标准《金属材料　拉伸试验　第1部分：室温试验方法》GB/T 228.1—2010 的规定。

（2）腐蚀钢筋应按本标准取样称量法确定其损伤后钢筋的公称直径。

（3）工程质量检测时，钢筋合格判定标准应按现行国家标准《钢筋混凝土用钢 第1部分：热轧光圆钢筋》GB 1499.1—2017 和《钢筋混凝土用钢 第2部分：热轧带肋钢筋》GB 1499.2—2018 等的规定执行。

(4) 结构性能评价时,各批受检钢筋力学性能评定值应按现行国家标准《混凝土结构现场检测技术标准》GB/T 50784—2013 有关规定进行确定。当检测值离散程度超过其规定范围时,宜补充检测;当不具备补充检测条件时,应以最小检测值作为该批钢筋力学性能检测值。

(5) 对损伤钢筋的力学性能评定,应取最低检测值作为该类损伤钢筋力学性能评定值。

(6) 钢筋牌号可根据检测结果以及其他辅助试验,并根据现行国家标准《钢筋混凝土用钢 第 1 部分:热轧光圆钢筋》GB 1499.1—2017 和《钢筋混凝土用钢 第 2 部分:热轧带肋钢筋》GB 1499.2—2018 等进行推定。

第 2 节 薄壁金属管道新型连接安装施工技术

4.2.1 技术内容

1. 铜管机械密封式连接

(1) 卡套式连接:一种较为简便的施工方式,操作简单、容易掌握,是施工中常见的连接方式,连接时只要管子切口的端面能与管子轴线保持垂直,并将切口处毛刺清理干净,管件装配时卡环的位置正确,并将螺母旋紧,就能实现铜管的严密连接,主要适用于管径 50mm 以下的半硬铜管的连接。

(2) 插接式连接:一种最简便的施工方法,只要将切口的端面能与管子轴线保持垂直并去除了毛刺的管子,用力插入管件至底部即可,此种连接方法是靠专用管件中的不锈钢夹固圈将钢壁禁锢在管件内,利用管件内与铜管外壁紧密配合的"O"形橡胶圈来实施密封的,主要适用于管径 25mm 以下铜管的连接。

(3) 压接式连接:一种较为先进的施工方式,操作也较简单,但须配备专用的且规格齐全的压接机械。连接时管子的切口端面与管子轴线保持垂直,并去除管子的毛刺,然后将管子插入到管件底部,再用压接机械将铜管与管件压接成一体。此种连接方法是利用管件凸缘内的橡胶圈来实施密封的,主要适用于管径 50mm 以下的铜管的连接。

2. 薄壁不锈钢管机械密封式连接

(1) 卡压式连接:配管插入管件承口(承口"U"形槽内带有橡胶密封圈)后,用专用卡压工具压紧管口形成六角形从而起密封和紧固作用。

(2) 卡凸式螺母型连接:以专用扩管工具在薄壁不锈钢管端的适当位置,由内壁向外(径向)辊压使管子形成一道凸缘环,然后将带锥台形三元乙丙密封圈的管插进带有承插口的管件中,拧紧锁紧螺母时,靠凸缘环推进压缩三元乙丙密封圈从而起密封作用。

(3) 环压式连接:环压式连接是一种永久性机械连接,首先将套好密封圈的管材插入管件内,然后使用专用工具对管件与管材的连接部位施加足够大的径向压力使管件、管材发生形变,并使管件密封部位形成一个封闭的密封腔,然后再进一步压缩密封腔的容积,使密封材料充分填充整个密封腔,从而实现密封,同时将管件嵌入管材使管材与管件牢固连接。

4.2.2 技术指标

应按设计要求的标准执行,无设计要求时,按《建筑给水排水及采暖工程施工质量验收规范》GB 50242—2002、《建筑铜管管道工程连接技术规程(附条文说明)》CECS 228—2007 和《薄壁不锈钢管道技术规范》GB/T 29038—2012 执行。

4.2.3 适用范围

适用于给水、热水、饮用水、燃气等管道的安装。

4.2.4 工程案例

应用薄壁不锈钢管较典型的工程有上海世博会中国馆、北京广安贵都大酒店、广州白云宾馆、广州亚运城、杭州千岛湖别墅等机电安装工程。

应用薄壁铜管较典型的工程有烟台世茂 T1 酒店、天津世茂酒店、沈阳世茂 T6 酒店等机电安装工程。

第3节 导线连接器应用技术

4.3.1 技术内容

1. 技术特点

通过螺纹、弹簧片以及螺旋钢丝等机械方式,对导线施加稳定可靠的接触力。按结构可分为螺纹型连接器、无螺纹型连接器(包括通用型和推线式两种结构)和扭接式连接器,其工艺特点见表 4-2,能确保导线连接所必需的电气连续、机械强度、保护措施以及检测维护 4 项基本要求。

符合 GB 13140 系列标准的导线连接器产品特点说明　　　　　表 4-2

连接器类型 比较项目	无螺纹型		扭接式	螺纹型
	通用型	推线式		
连接原理图例				
制造标准代号	GB 13140.3—2008		GB 13140.5—2008	GB 13140.2—2008
连接硬导线 (实心或绞合)	适用	适用	适用	适用
连接未经处理的软导线	适用	不适用	适用	适用
连接焊锡处理的软导线	适用	适用	适用	不适用
连接器是否参与导电	参与	参与	不参与	参与/不参与
IP 防护等级	IP20	IP20	IP20 或 IP55	IP20
安装工具	徒手或使用辅助工具	徒手或使用辅助工具	徒手或使用辅助工具	普通螺丝刀
是否重复使用	是		是	是

2. 施工工艺

（1）安全可靠：工艺成熟，长期实践已证明此工艺的安全性与可靠性。

（2）高效：由于不借助特殊工具、可完全徒手操作，使安装过程快捷，平均每个电气连接耗时仅 10s，为传统焊锡工艺的 1/30，节省人工和安装费用。

（3）可完全代替传统锡焊工艺，不再使用焊锡、焊料、加热设备，消除了虚焊与假焊，导线绝缘层不再受焊接高温影响，避免了高举熔融焊锡操作的危险，接点质量一致性好，没有焊接烟气造成的工作场所环境污染。

主要施工方法：

1) 根据被连接导线的截面积、导线根数、软硬程度，选择正确的导线连接器型号；
2) 根据连接器型号所要求的剥线长度，剥除导线绝缘层；
3) 按图 4-1 所示，安装或拆卸无螺纹型导线连接器；
4) 按图 4-2 所示，安装或拆卸扭接式导线连接器。

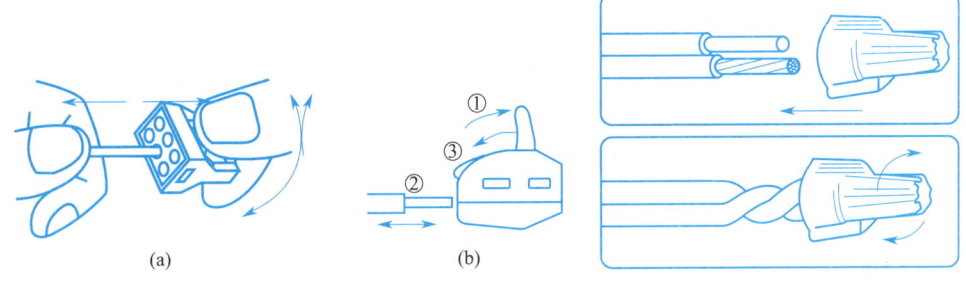

图 4-1　连接器的导线安装或拆卸示意图　　图 4-2　扭接式连接器的安装示意图
(a) 推线式连接器；(b) 通用型连接器

4.3.2　技术指标

《建筑电气工程施工质量验收规范》GB 50303—2015、《建筑电气细导线连接器应用技术规程》CECS 421—2015、《低压电气装置　第5-52部分：电气设备的选择和安装　布线系统》GB/T 16895.6—2014、《家用和类似用途低压电路用的连接器件　第1部分：通用要求》GB 13140—2008。

4.3.3　适用范围

适用于额定电压交流 1kV 及以下和直流 1.5kV 及以下建筑电气细导线（6mm² 及以下的铜导线）的连接。

4.3.4　工程案例

广泛应用于各类电气安装工程中。

第4节　可弯曲金属导管安装技术

4.4.1　技术内容

可弯曲金属导管内层为热固性粉末涂料，粉末通过静电喷涂，均匀吸附在钢带上，经 200℃ 高温加热液化再固化，形成质密又稳定的涂层，涂层自身具有绝缘、防腐、阻燃、耐磨损等特性，厚度为 0.03mm。可弯曲金属导管是我国建筑材料行业新一代电线电缆外保护材料，已被编入设计、施工与验收规范，大量应用于建筑电气工程的强电、弱电、消防系统以及明敷和暗敷场所，逐步成为一种较理想的电线电缆外保护材料。

1. 技术特点

（1）可弯曲度好：优质钢带绕制而成，用手即可弯曲定型，减少机械操作工艺。

（2）耐腐蚀性强：材质为热镀锌钢带，内壁喷附树脂层，双重防腐。

（3）使用方便：裁剪、敷设快捷高效，可任意连接，管口及管材内壁平整光滑、无毛刺。

（4）内层绝缘：采用热固性粉末涂料，与钢带结合牢固且内壁绝缘。

（5）搬运方便：圆盘状包装，质量为同米数传统管材的1/3，搬运方便。

（6）机械性能：双扣螺旋结构，异形截面，抗压、抗拉伸性能达到《电缆管理用导管系统 第1部分：通用要求》GB/T 20041.1—2015 的分类代码4重型标准。

2. 施工工艺

可弯曲金属导管基本型采用双扣螺旋结构、内层静电喷涂技术，防水型和阻燃型在基本型的基础上包覆防水、阻燃护套。使用时徒手施以适当的力即可将可弯曲金属导管弯曲到需要的程度，连接附件使用简单工具即可将导管等连接可靠。

（1）明配的可弯曲金属导管固定点间距应均匀，管卡与设备、器具、弯头中点、管端等边缘的距离应小于0.3m。

（2）暗配的可弯曲金属导管，应敷设在两层钢筋之间，并与钢筋绑扎牢固。管子绑扎点间距不宜大于0.5m，绑扎点距盒（箱）不应大于0.3m。

4.4.2 技术指标

1. 主要性能

（1）电气性能：导管两点间过渡电阻小于0.05Ω标准值。

（2）抗压性能：1250N压力下扁平率小于25%，可达到《电缆管理用导管系统 第1部分：通用要求》GB/T 20041.1—2015分类代码4重型标准要求。

（3）拉伸性能：1000N拉伸荷重下，重叠处不开口（或保护层无破损），可达到《电缆管理用导管系统 第1部分：通用要求》GB/T 20041.1—2015分类代码4重型标准要求。

（4）耐腐蚀性：浸没在1.186kg/L的硫酸铜溶液，按《电缆管理用导管系统 第1部分：通用要求》GB/T 20041.1—2015的分类代码4内外均高标准要求。

（5）绝缘性能：导管内壁绝缘电阻值，不低于50MΩ。

2. 技术规范/标准

《建筑电气用可弯曲金属导管》JG/T 526—2017、《电缆管理用导管系统 第1部分：通用要求》GB/T 20041.1—2015、《电缆管理用导管系统 第22部分：可弯曲导管系统的特殊要求》GB 20041.22—2009、《民用建筑电气设计标准（共二册）》GB 51348—2019、《1kV及以下配线工程施工与验收规范》GB 50575—2010、《低压配电设计规范》GB 50054—2011、《火灾自动报警系统设计规范》GB 50116—2013和《建筑电气工程施工质量验收规范》GB 50303—2015。

4.4.3 适用范围

适用于建筑物室内外电气工程的强电、弱电、消防等系统的明敷和暗敷场所的电气配管及作为导线、电缆末端与电气设备、槽盒、托盘、梯架、器具等连接的电气配管。

4.4.4 工程案例

沈阳桃仙机场 T3 航站楼、杭州高德置地（七星级酒店）、北京 CBD（阳光保险金融中心、韩国三星总部大楼）、北京丽泽商务区（中国铁物大厦、中国通用大厦）等机电安装工程。

第 5 节　环氧磨石艺术地坪施工技术

4.5.1 施工环境的要求

1. 施工环境温度不得低于 5℃，相对湿度不宜大于 80%。
2. 施工作业面应符合下列要求：
(1) 施工作业面应封闭或采取其他隔离的有效措施。
(2) 不得进行交叉作业。
3. 环氧磨石艺术地坪施工单位应遵守有关环境保护的法律、法规，并应采取有效措施控制施工现场的各种粉尘、废气、废弃物、噪声、强光等对施工现场及周围环境造成的污染和危害。

4.5.2 地坪基层验收和再处理

1. 地坪基层验收应符合下列规定：
(1) 楼地面结构混凝土应按现行国家标准进行验收，验收合格后方可进行找平层施工。
(2) 环氧磨石艺术地坪施工前，应按现行国家标准《建筑地面工程施工质量验收规范》GB 50209—2010 进行找平层检查，验收合格后方可施工。
(3) 地坪基层伸缩缝的接缝高低差不得大于 1mm。
(4) 检查基层面能否满足地坪标高的设计要求。
(5) 若基层混凝土强度需补强，应在处理后对其表面强度进行测试，满足要求后方可进行后续施工。
2. 地坪基层防止开裂再处理技术措施应符合下列规定：
(1) 环氧磨石地坪施工前，应制定施工方案，并报请业主或相关单位审批。
(2) 施工方案应包含防止地坪基层开裂的施工技术措施。
(3) 施工方应按审批后的施工方案施工。
(4) 业主或相关单位应按审批后的施工方案验收。
3. 增加地坪基层与上层连接强度的技术措施应符合下列规定：
(1) 环氧磨石地坪施工前，应制定施工方案，并报请业主或相关单位审批。
(2) 施工方案应包含增强地坪基层与上层连接强度的施工技术措施。
(3) 施工方应按审批后的施工方案施工。
(4) 业主或相关单位应按审批后的施工方案验收。

4.5.3 配套砂浆找平层施工

1. 控制配套砂浆找平层防止开裂技术措施应符合下列规定：
(1) 环氧磨石地坪施工前，应制定施工方案，并报请业主或相关单位审批。
(2) 施工方案应包含砂浆找平层防止开裂的施工技术措施。
(3) 施工方应按审批后的施工方案施工。

（4）业主或相关单位应按审批后的施工方案验收。

2. 控制配套砂浆找平层平整度技术措施应符合下列规定：

（1）环氧磨石地坪施工前，应制定施工组织设计或施工方案，并报请业主审批。

（2）施工组织设计或施工方案应包含控制配套砂浆找平层平整度的施工技术措施。

（3）施工方应按审批后的施工组织设计或施工方案施工。

（4）监理方应按审批后的施工组织设计或施工方案验收。

3. 配套砂浆找平层材料调制和批刮应符合下列规定：

（1）找平层采用碎石或卵石的径级不应大于其厚度的2/3，含泥量不应大于2%。

（2）砂为中粗砂，其含泥量不应大于3%。

（3）拌合用水应符合《混凝土用水标准（附条文说明）》JGJ 63—2006规定。

（4）找平层与基层间结合应牢固，不得有空鼓。

4.5.4　现场放线

1. 现场放线的仪器及工具应符合下列规定：

（1）一般项目，可采用水平仪、经纬仪、钢卷尺、墨斗等进行放线。

（2）图案复杂或精确度要求高的项目，应采用全站仪代替经纬仪，并配备有专业绘图软件的计算机进行放线。

（3）放线用仪器应校验合格。

2. 现场放线基本内容应符合下列规定：

（1）根据复测数据放出实际标高线及环氧磨石地坪的外框控制线。

（2）大面积地坪施工时，增设必要的中间控制标高点。

（3）确定特殊图案特征位置的控制线。

（4）确定复杂图案交界面控制线。

（5）确定伸缩缝控制线。

4.5.5　配套底涂施工

1. 环氧磨石配套底涂层基层施工条件应符合下列规定：

（1）底涂施工前，找平层应验收合格。

（2）找平层含水率应控制在8%以下。

（3）施工环境温度宜为15～30℃，相对湿度不宜大于80%。

（4）施工过程不得有灰尘。

2. 环氧磨石配套底涂层应按下列顺序进行施工：

（1）找平层裂缝处理。

（2）找平层平整度处理。

（3）找平层浮灰、油污处理。

（4）找平层伸缩缝处理。

（5）找平层配套底涂层涂刷。

3. 环氧磨石配套底涂层的施工质量控制应符合下列规定：

（1）底涂层施工前的基层条件控制和处理应符合要求。

（2）底涂材料的种类、品牌、型号、技术指标、配合比应符合设计或有关标准要求。

（3）严格按照底涂材料的施工工艺和注意事项涂布。

(4) 确保底涂均匀、无起鼓、无漏涂。
(5) 及时做好底涂表面保护。

4.5.6 现场艺术图案精确定位

1. 艺术图案精确定位基本仪器与工具宜包含：

专业的计算机系统及应用软件、卷尺、墨斗、直角尺、油性彩笔、全站仪、三维激光扫描仪及其他最新定位工具。

2. 复杂艺术图案精确定位可采用下列方法：
(1) 简单工具坐标描点放线法。
(2) 经纬仪坐标测点放线法。
(3) 全站仪坐标测点放线法等。

3. 艺术图案定位精度检验可采用下列方法：
(1) 简单工具坐标检测法。
(2) 全站仪坐标检测法。

4.5.7 艺术图案施工

1. 艺术图案施工可采用下列方式：
(1) 现场支模浇筑法。
(2) 预制现场安装法。

2. 艺术图案分块浇捣，交界面固定可采用下列方式：
(1) 金属或塑料分格条锚固的方式。
(2) 金属或塑料分格条粘结的方式。
(3) 金属或塑料分格条锚固与粘结相结合的方式。

4.5.8 艺术图案周边施工

1. 艺术图案与周边环氧磨石自然衔接可采用下列方式：
(1) 分隔条过渡连接。
(2) 直接连接。

2. 艺术图案周边环氧磨石施工顺序应至少包括：

找平层处理、变形缝处理等，涂刷底涂，铺设玻纤网格布（可选），涂刷底漆，涂刷环氧柔性膜（可选），放样，固定分割条，拌浆铺料，压实压平，检查修补，粗磨，补浆，中磨，补浆，细磨，精磨，涂刷密封剂，清洗，养护。

4.5.9 整体打磨

1. 环氧磨石打磨基本工序应至少包括：
(1) 粗磨。
(2) 中磨。
(3) 补浆（有需要时）。
(4) 中磨。
(5) 细磨。
(6) 精磨。
(7) 涂刷密封剂。

2. 环氧磨石整体打磨平整度控制应符合下列规定：

（1）打磨前，应对环氧磨石平整度进行预检，并按预检结果进行打磨，如有条件，可采用三维激光扫描仪等仪器进行精确预检。

（2）打磨过程中宜增加平整度检测，并按检测结果进行针对性打磨。

（3）墙地交界处等边角区域应采用手提式打磨机进行精磨。

4.5.10　环氧树脂表层施工

1. 环氧树脂表层施工应符合下列规定：

（1）施工环境温度宜为15～30℃，湿度不宜高于80%。

（2）施工现场应具有良好的通风条件。

（3）基层含水率不得大于8%。

（4）表面平整度应控制在2m靠尺3mm以内。

（5）基层表面应清洁、无油污。

（6）施工现场应封闭，不得进行交叉作业。

2. 环氧树脂密封剂施工质量应符合下列规定：

（1）应精确控制双组分及填充料的比例，严格按照产品技术要求进行配比。

（2）表层涂料应低速搅拌，防止混入空气，影响涂层质量。

（3）使用时间应按产品技术要求规定执行，搅拌完的材料应在规定时间内用完。

（4）涂布厚度应符合设计要求。

（5）固化时间应按产品技术要求规定执行，不得提前投入使用或踩踏。

4.5.11　养护和保护

1. 环氧磨石艺术地坪养护应符合下列规定：

（1）养护环境温度宜为15～30℃。

（2）养护天数不应少于7d。

（3）养护期间应采取防水、防晒、防污染等措施。

（4）环境湿度应控制在80%以下。

（5）养护期间不得踩踏、重载。

2. 环氧磨石艺术地坪移交前应采取柔性材料垫底、上面覆盖硬性保护板或封闭现场等保护措施。

4.5.12　质量标准及验收

参见《环氧磨石地坪装饰装修技术规程》T/CBDA 1—2016。

第6节　石材薄板铺贴、石材复合板墙面挂贴施工技术

4.6.1　石材薄板

石材薄板分花岗岩薄板和大理石薄板。花岗岩薄板市场已开发了好几年，现已趋于成熟，而大理石薄板在全国市场才刚刚萌芽。世界大理石薄板市场虽好于国内，但仍未进入成长期。全国的大理石薄板生产分布在几个省份的小地区，因受资源限制，目前只有少数几个品种，销售量也非常有限。

4.6.2　石材复合板干挂

由于复合石材是两种石材的合成，因此，特别要注意合成石材的质量；然后在施工时

还特别要注意挂件的切口。

1. 材料要求

金属骨架采用的钢材的技术和性能应符合国家标准要求,其规格、型号应符合设计图纸要求。

(1) 石板:按设计图纸要求备料,如为石材应经见证取样,其放射性指标应符合有关规定,并按设计要求进行石板外防护处理。

(2) 石板加工应符合下列规定:

1) 石板连接部位应无崩坏、暗裂等缺陷;

2) 石板的品种、几何尺寸、形状、花纹图案造型、色泽应符合设计要求;

3) 大理石复合板厚度不得小于25mm。

(3) 其他材料:不锈钢垫片、膨胀螺栓:按设计规格、型号选用并应选用不锈钢制品;挂件:应选用不锈钢或铝合金挂件,其大小、规格、厚度、形状应符合设计要求;螺栓:应选用不锈钢制品,其规格、型号应符合设计要求并与挂件配套;另有平垫、弹簧垫、环氧胶粘剂、嵌缝膏(耐候胶)、水泥、颜料等由设计选定。

2. 施工机具

主要机具包括云石机、台钻、电锤、扳手、靠尺、水平尺、盒尺、墨斗、橡皮锤等。

3. 作业条件

(1) 结构经验收合格,水、电、通风、设备等应提前完成,并准备好现场加工饰面板所需的水、电源等。

(2) 墙面弹好铺贴控制线和标高控制线。

(3) 如需脚手架或操作平台应提前支搭好,宜选用双排架子,脚手架距墙间应满足安全规范的要求,同时宜留出施工操作空间,架子的步高要符合实际要求。

(4) 有门窗套的必须把门框、窗框立好(位置准确、垂直、牢靠,并考虑安装石板时尺寸的余量),同时要用1:3水泥砂浆将缝隙堵塞严实。铝合金门窗框边缝所用嵌缝材料应符合设计要求,并塞堵密实,事先粘贴好保护膜。

(5) 石材等进场后应堆放于室内,下垫方木,核对数量、规格,并预铺对花、编号,正式铺贴时按号进行。

(6) 大面积施工前应放出施工大样,并做样板,经质检部门鉴定合格后方可按样板工艺操作施工。

(7) 对进场的石料应进行验收,颜色不均匀时应进行挑选,必要时进行试拼编号。

4. 工艺流程

干挂复合石材施工分为短槽式和钢针式两种。

吊垂直、套方找规矩→龙骨固定和连接→石板开槽、打孔→挂件安装→擦缝、打胶。

4.6.3 质量管控及操作要点

1. 吊垂直、套方找规矩

2. 龙骨固定和连接

3. 石板开槽、打孔

(1) 短槽式

将复合大理石板临时固定,按设计位置用云石机在石板的上下边各开两个短平槽。短平槽的长度不应小于100mm，在有效长度内槽深不宜小于15mm；开槽宽度宜为6～7mm（挂件：不锈钢支撑板厚度不宜小于3mm、铝合金支撑板厚度不宜小于4mm）。弧形槽的有效长度不应小于80mm。两挂件间的距离一般不应大于600mm。设计无要求时，两短槽边距离石板两端部的距离不应小于石板厚度的3倍且不应小于85mm，也不应大于180mm。石板开槽后不得有损坏或崩边现象，槽口应打磨成45°倒角，槽内应光滑、洁净。开槽后应将槽内的石屑吹干净或冲洗干净。

(2) 钢针式

将石板固定，按设计位置用台钻打垂直孔，打孔深度宜为22～23mm，孔径宜为7～8mm（钢销直径宜为5～6mm、长度宜为40～50mm）。设计无要求时，钢销的孔位应根据石板的大小而定。孔位距离边端不得小于石板厚度的3倍，也不得大于180mm；钢销间距不宜大于600mm；边长不大于1m时每边应设两个销钉，边长大于1m时应复合连接。开孔后石板的钢销孔处不得有损坏或崩裂的现象，孔内应光滑、洁净。

4. 挂件安装

(1) 短槽式

首层石板安装。对沿地面层的挂件进行检查，如平垫、弹簧垫安放齐全则拧紧螺帽。将石板下的槽内抹满环氧树脂专用胶，然后将石板插入；调整石板的左右位置找完水平、垂直、方正后将石板上槽内抹满环氧树脂专用胶。将上部的挂件支撑板插入抹胶后的石板槽并拧紧固定挂件的螺帽，再用靠尺板检查有无变形。等环氧树脂胶凝固后按同样方法按石板的编号依次进行石材板的安装。首层板安装完毕后再用靠尺板找垂直、水平尺找平整、方尺找阴阳角方正、游标卡尺检查板缝，发现石板安装不符合要求应进行修正。按上述方法的第2、3步进行第二层及各层的石板安装。

(2) 钢针式

首层石板安装。对沿地面层的挂件（俗称舌板）进行检查，如平垫、弹簧垫安放齐全则拧紧螺帽。将石板下的孔内抹满环氧树脂专用胶，然后将石板插入；调整石板的上下、左右缝隙位置找完水平、垂直、方正后将石板上孔内摸满环氧树脂专用胶。将石板上部固定不锈钢舌板的螺帽拧紧，将钢针穿过不锈钢舌板孔并插入石板空底，再用靠尺检查有无变形。等环氧树脂胶凝固后按同样方法按石板的编号依次进行石板块的安装。首层板安装完毕后再用靠尺板找垂直、水平尺找平整、方尺找阴阳角方正、游标卡尺检查板缝，如有石板安装不符合要求应进行修正。按上述方法的第2、3步进行第二层及各层的石板安装。

在第二层以上石板安装时，如石板规格不准确或水平龙骨位置偏差造成挂件与水平龙骨之间有缝隙，应在挂件与龙骨之间采用不锈钢垫片予以垫实。

首层石板安装时，如沿地面的挂件无法按正常方法施工，可采取以下方法：在地面标高线向上的墙面上100mm高处安装水平龙骨，并固定135°的不锈钢干挂件，调整好石材的平整度、垂直度后将上部的挂件支撑板插入抹胶后的石板槽并拧紧固定挂件的螺帽。

5. 擦缝、打胶

4.6.4 质量标准

1. 主控项目

(1) 干挂复合石材墙面所用材料的品种、规格、性能和等级，应符合设计要求及国家产品标准和工程技术标准的规定。石材的弯曲强度不应小于8.0MPa，吸水率应小于

0.8%。干挂复合石材墙面的铝合金挂件厚度不应小于4.0mm,不锈钢挂件厚度不应小于3.0mm。

(2) 干挂复合石材墙面的造型、立面分格、颜色、光泽、花纹和图案应符合设计要求。

(3) 石材孔、槽的数量、深度、位置、尺寸应符合设计要求。

(4) 干挂复合石材墙面主体结构上的预埋件和后置埋件的位置、数量及后置埋件的拉拔力必须符合设计要求。

(5) 干挂复合石材墙面的金属框架立柱与主体结构预埋件的连接、立柱与横梁的连接、连接件与金属框架的连接、连接件与石材板面的连接必须符合设计要求,安装必须牢固。

(6) 金属框架和连接件的防腐处理应符合设计要求。

(7) 干挂复合石材墙面的防火、保温、防潮材料的设置应符合设计要求,填充应密实、均匀、厚度一致。

(8) 各种结构变形缝、墙角的连接点应符合设计要求和工程技术标准的规定。

(9) 石材表面和板缝的处理应符合设计要求。

(10) 干挂复合石材墙面的板缝注胶应饱满、密实、连续、均匀、无气泡,板缝宽度和厚度符合设计要求和技术标准的规定。

2. 一般项目

(1) 干挂复合石材墙面的表面应平整、洁净,无污染、缺损和裂痕。颜色和花纹协调一致,无明显色差,无明显修痕。

(2) 干挂复合石材墙面的压条应平直、洁净,接口严密,安装牢固。

(3) 石材接缝应横平竖直、宽窄均匀;阴阳角石板压向正确,板边合缝应顺直;凸凹线出墙厚度应一致,上下口应平直;石材面板上洞口、槽边应套割吻合,边缘应整齐。

(4) 干挂复合石材墙面的密缝胶缝应横平竖直、深浅一致、宽窄均匀、光滑顺直。

(5) 每平方米石材的表面质量和验收方法应符合表4-3的规定。

每平方米石材的表面质量和验收方法 表4-3

项次	项目	质量要求	检验方法
1	裂痕、明显划伤和长度大于100mm的轻微划伤	不允许	观察
2	长度大于100mm的轻微划伤	≤8条	用钢尺检查
3	擦伤总面积	≤500mm^2	用钢尺检查

(6) 干挂复合石材墙面的允许偏差和检验方法应符合表4-4的规定。

干挂复合石材墙面的允许偏差和检验方法 表4-4

项次	项目	允许偏差(mm)	检验方法
1	立面垂直度	2	2m垂直检测尺检查
2	表面平整度	2	2m靠尺、塞尺检查
3	阴阳角方正	2	直角检测尺、塞尺检查
4	接缝直线度	2	拉5m通线,不足5m拉通线、钢直尺检查

续表

项次	项　目	允许偏差(mm)	检验方法
5	勒角上口直线度	2	拉5m通线、不足5m拉通线、钢直尺检查
6	接缝高低差	0.5	钢直尺、塞尺检查
7	接缝宽度差	1	钢直尺检查

4.6.5　成品保护

1. 安装好的石板应有切实可靠的防止污染措施；要及时清擦残留在门框、玻璃和金属饰面板上的污物，特别是打胶时在胶缝的两侧宜粘贴保护膜，预防污染。

2. 合理安排施工顺序，专业工种（水、电、通风、设备安装等）的施工应提前做好，经隐检合格后方可进行面板施工，防止损坏、污染外挂石材饰面板。

3. 饰面完工后，易磕碰的棱角处要做好成品保护工作，其他工种操作时不得划伤和碰坏石材。

4. 拆改架子和上料时，注意不要碰撞干挂复合石材饰面板。

5. 施工中环氧胶未达到强度不得进行上一层的板施工，并防止撞击和振动。

4.6.6　应注意的问题

1. 饰面板面层颜色不均

其主要原因是施工前没有进行试拼、编号和认真的挑选。

2. 线角不直、缝格不均、墙面不平整

主要是施工前没有认真按照图纸核对实际结构尺寸，进行龙骨焊接时位置不准确，未认真按加工图纸尺寸核对来料尺寸，加工尺寸不正确，施工中操作不当等造成。线角不直、缝格不均、墙面不平整应通过施工过程中加强检查来进行纠正。

3. 墙面污染

打胶勾缝时未贴胶带或胶带脱落，打胶污染后未及时进行清理，会造成墙面污染，可用小刀或开刀进行刮净。竣工前要自上而下地进行全面彻底的清理擦洗。

4. 高处作业应符合《建筑施工高处作业安全技术规范》JGJ 80—2016 的相关规定；脚手架搭设应符合有关规范要求；现场用电应符合《施工现场临时用电安全技术规范（附条文说明）》JGJ 46—2005 的相关规定。

第7节　沥青路面再生技术

4.7.1　前言

沥青路面再生技术是将需要翻修的旧沥青路面，经翻挖、回收、破碎、筛分后，与再生剂、新沥青材料、新集料等按一定比例重新拌合，获得满足一定路用性能的再生沥青混合料，并用其重新铺筑路面的一套工艺技术。通过路面再生，不仅可以使其重新满足路用性能要求、节约大量材料资源和资金、降低工程造价，也可避免废弃材料对环境的污染、实现行业循环经济、促进生态环境保护，是实施"节约型社会"战略举措的具体实践，有着非常显著的社会效益和经济效益。

根据再生混合料拌制和施工温度的不同，沥青路面再生可分为冷再生和热再生。冷再生过程中，对旧路面铣刨、新旧料的拌合与摊铺是在常温下进行的，冷再生结合料通常采用乳化沥青或泡沫沥青；热再生过程中，对旧路面铣刨、新旧料拌合时需要加热。

根据施工场合和施工工艺的不同，沥青路面再生可以分为厂拌再生和就地再生。就地再生与厂拌再生的区别在于拌合过程发生的地方，就地再生的拌合过程是在旧路面现场进行，而厂拌再生的拌合过程在拌合厂进行。

4.7.2 技术原理

沥青路面材料分为胶结材料（沥青材料）和骨架材料（砂石材料）两大类，其中砂石材料只需略加处理就可直接利用，所以沥青路面材料的再生，关键在于沥青材料的再生。

1. 沥青的老化

沥青在使用过程中，由于长时间受阳光、空气和水的作用，以及沥青与矿料之间的物理、化学作用，沥青分子会发生氧化和聚合作用，使低分子化合物转变为高分子化合物，导致路用性能劣化，这种现象通常称之为"老化"。沥青老化后，化学组分改变，性质也发生改变，表现为针入度减少、延度降低、软化点升高、绝对黏度提高、脆点降低等。

2. 旧沥青材料的再生机理

旧沥青材料再生的机理研究有两种理论：一种理论是"相容性理论"，认为沥青产生老化的原因是沥青胶质物系中各组分相容性降低，导致组分间溶度参数差增大，认为掺入一定的再生剂使其溶度参数差减小，沥青即能恢复到原来性质。另一种理论是"组分调节理论"，认为由于组分的移动，沥青老化后，各组分间比例不协调导致沥青路用性能降低，认为通过掺加再生剂调节其组分，可使沥青恢复原来的性质。因此，要使老化沥青恢复原有性能，就需要将老化沥青和原沥青的组分进行比较后，向老化沥青中加入所缺少的组分（即添加沥青再生剂），使组分重新协调。

3. 旧沥青材料的再生

沥青材料是由油分、胶质、沥青质等几种组分组成的混合物，而且沥青的某一种组分，如油分，也同样是由分子量大小不等的碳氢化合物所组成的混合物。根据沥青材料是混合物的原理，将几种不同组分进行调配，可得到性质各异的沥青，用这种方法所生产的沥青，在石油工业中称之为调合沥青。旧沥青材料再生，就是根据生产调合沥青的原理，在已经老化的沥青中加入某种组分的低黏度油料（再生剂）或适当黏度的沥青材料，进行调配，使调配后的再生沥青具有适合的黏度和所需的使用性质。所以再生沥青实际上是由旧沥青与新沥青材料（必要时添加再生剂）经过调配混合成的一种调合沥青。当然在实际施工中，旧沥青与再生剂、新沥青材料的混合是在伴随有砂石材料的情况下进行的，并不是专门抽提出旧沥青再进行调合，远不及石油工业中生产调合沥青调配得那么好，但它们的理论基础是相同的。

4.7.3 再生方式

沥青路面在长期使用过程中，在车辆荷载和气候因素的作用下，其构成材料的质量发生了变化与衰减，主要表现为矿料级配的退化和沥青的老化。根据旧沥青的老化状况，可分为三种方式进行再生：新旧沥青调和再生、再生剂再生、混合再生。

1. 新旧沥青调和再生

沥青胶体结构理论认为沥青是一种胶体分散体系，其分散相是以沥青质为核心吸附部分胶质而形成的胶束，并分散在芳香烃、饱和烃组成的分散介质中。研究表明，只有当沥青中各组分的相对比例满足一定的关系时，沥青才具有较好的性质。沥青路面质量劣化的实质是沥青结合料发生老化，即沥青胶结料的组分发生变化，芳香分减少，胶质和沥青质增加。沥青化学组分的这种"移行"引起的沥青物理、力学性质的变化，会导致针入度变小、延度降低、软化点和脆点升高，沥青变硬、变脆，延伸性降低。根据组分调节理论，老化沥青中加入其所失去的组分，使组分比例重新协调，就能恢复沥青的性能。由于新鲜的软沥青中含有较多的软沥青质成分，可通过调和，使旧沥青的性能达到一定的水平，从而达到沥青再生的目的。

2. 再生剂再生

在选择沥青的再生方法时，应根据旧料中沥青的含量和老化程度来综合确定是否需要使用再生剂。为了尽可能地利用旧料，工程中希望采用较大的旧料掺配率，但如果沥青老化较为严重，若采用新旧沥青调和再生，需要较大的新沥青掺配比例，经济性较差，这时可以考虑采用添加再生剂的沥青再生方法。一般认为，当回收的旧沥青的针入度小于40（0.1mm）时，宜考虑使用再生剂进行再生。

4.7.4 施工方法

沥青路面再生利用技术，按施工温度分为热拌再生法和冷拌再生法，按废旧料拌合场地不同可分为集中厂拌再生法和就地再生法。所以沥青路面再生利用技术可分为厂拌热再生、就地热再生、厂拌冷再生、就地冷再生4种施工方法。

1. 厂拌热再生，就是在前面所述的旧路面冷铣刨和热摊铺施工中，将铣刨废料运回沥青拌合厂，按一定的比例和新沥青材料、再生剂、新集料在热态下混合、搅拌，形成符合要求的沥青混合料。

2. 就地热再生，也称热表面再生，主要是指加热旧路面面层至要求的深度（一般不超过3cm），翻松旧路面，添加还原或再生剂，重新铺筑成型的施工方法。

3. 厂拌冷再生，是用乳化沥青或热态的低黏度沥青与常温的废旧沥青混合材料、新集料拌合成再生混合料，运至工地后，经摊铺压实而成路面的施工方法。

4. 就地冷再生，是指对旧路面进行冷破碎、翻松，添加乳化沥青及其他外加剂，拌合、摊铺、压实而成路面的施工方法。在实际工程中采用何种工艺，主要应考虑旧路面基层损坏情况和沥青路面面层的厚度。

第8节 GRG造型板外粘贴木皮技术

4.8.1 前言

GRG的中文全称是预铸式玻璃纤维加强石膏板。与传统材料相比，GRG具有密度高、强度高、成型易、防火性能佳、绿色环保等优点，既是现代室内装饰的优质材料，也是一种理想的声学材料。GRG面贴木皮的工艺既融合了两种传统材料的优点，又避免了原有的缺点，也为GRG面贴其他装饰材料，例如金箔、绒面等，提供了良好的范例。

4.8.2 工法特点

GRG作为高强度、抗冲击、柔韧性好的产品，表面贴木皮工艺可使装饰达到原木装饰效果，达到环保效益、经济效益、装饰效果及安全性能的完美结合，具有以下特点。

生产周期短：GRG产品脱模时间仅需30min，干燥时间仅需6h，因此能大大缩短施工周期。

施工便捷：GRG 可根据设计师的设计，任意造型，可大块生产、分割。现场加工性能好，安装迅速、灵活，可进行大面积无缝密拼（特别是对洞口、弧形、转角等细微之处），形成完整造型。

装饰效果：GRG 面贴木皮可达到原木的装饰效果，能尝试各种复杂的造型，产生理想的声场效应，同时节约原木的消耗。

声学效果好：通过"混响室法吸声系数测量"检测表明，其符合专业声学反射要求，适用于各类音乐厅堂。

4.8.3 适用范围

GRG 面贴木皮的工艺尤其适用于各种室内装修（如墙身等）。综合考虑成本效益、装饰效果及安全性能等优势，这种工艺适用于防火要求严格、声学效果考究、装饰造型复杂的较大型公共场所，包括剧院、音乐厅、会堂和会展中心等。

4.8.4 施工工艺流程及操作要点

1. 工艺流程

施工准备→基层修补、打磨→封底漆→选木皮→裁木皮→涂胶→热压→修边→喷面漆→竣工验收。

2. 操作要点

（1）施工准备

每块 GRG 板预埋 6 个预埋体为吊点，每块 GRG 板单独定位安装，GRG 的干燥时间一般为 20d 左右，未完全干燥的 GRG 板在运输、堆放、安装过程中会产生变形，轻微变形可以在接缝的地方用 GRG 粉填平，大的变形只能用 GRG 粉找平，找平 GRG 粉的干燥时间根据现场温度及通风情况来定，一般需要 5d 左右的时间，干燥后打磨、平整顺畅后即可贴皮。木皮施工前，GRG 胶和 GRG 找平粉必须保证干燥率在 97% 以上，且施工现场通风良好。

（2）施工过程

1）基层处理

基层处理是贴木皮的基础，是涂料施工中极为重要的一个环节，基层处理的好坏直接影响到涂层的附着力、装饰性和使用寿命，应予以足够的重视，否则达不到预期的涂饰效果，影响工程质量。必须使 GRG 墙面彻底干燥，以确保涂层的最佳效果。清理涂刷表面，去除任何松脱或碎裂的附着物，填平接缝，清理凸出部位。用 GRG 粉修补较大的裂缝和凹陷，第一遍是主要是填补墙面的凹陷、气孔、砂孔和其他缺陷，即局部找平；第二遍以整体找平为主，最终达到平整度的要求。待基层干透后，应先用 400 号砂纸打磨一次后，再用打磨机及 400 号砂纸打磨第二遍，以消除打磨砂纸痕迹。底漆采用丙烯酸底漆，使用时不得稀释，搅拌均匀后，用滚筒在被涂墙面上用力平稳地来回滚动，不宜涂刷面积过大。底漆干透后可进行下一道工序（根据天气情况，如 25℃、天气晴朗约 6h 以后），用细砂纸进行轻轻打磨，清除细微颗粒灰尘再进行木皮施工。

2）木皮粘贴

①施工程序

画线→裁木皮→刷胶→上墙→对缝→赶大面→整理缝隙。

②操作要点

施工前先将木皮浸水湿润,用短毛滚筒在木皮、GRG 基层双面涂胶,在保证涂胶均匀的情况下（80～100g/m² 胶量较理想）,放置约 5min（根据温度、湿度来定）,用手触摸感觉微沾手时,用木质工具手工加压,压得越实,其效果越好。对有弧度的地方采用热压形贴,先在木皮和被贴 GRG 的板面上涂上胶,抹平待 1～3min 在胶水半干的状态下贴合,把熨斗加热到 170°把木皮烫平（停 3～5s）,在热压时还要控制温度和加热的时间,温度控制在 170°左右,加热的时间是 2～3min,而且胶水不能干得太快,胶水干得太快把木皮放上去加热时就会使贴好的板材起泡,当然不是大面积的起泡,而是局部的。用电熨斗（温度约 150～170℃）加热 3～5s,板材边缘加热时间稍长,约 5～10s。木皮胶粘贴完 2h 后,检查如发现有气泡或没粘牢,用电熨斗再烫牢,24h 后上油漆。

③木皮面层喷漆

木皮面层喷漆前必须将基层表面清扫干净,擦净浮灰。从左到右、先上后下,阴角处不得有残余涂料,阳角处不得裹棱。喷枪压力调节为 0.3～0.5N/mm²,喷嘴与饰面成 90°角,距离为 40～50cm 为宜,喷涂时应喷点均匀,全部适中。喷涂时一般从不显眼的一头开始,逐渐向另一头循序移动,至不显眼处收枪为止,不得出现接槎,结束后,整个表面应光洁一致、圆滑细腻,无流坠泛色现象。

4.8.5　质量控制

施工质量应符合下列规定：

1. 必须粘贴牢固,表面色泽一致,不得有气泡、空鼓、裂缝、翘边和斑污。
2. 表面平整,无波纹起伏。
3. 各拼接横平竖直,拼接处木纹、线条吻合,不离缝,不搭接,距墙面 1.5m,正视无明显缝。
4. 阴阳转角垂直,棱角分明,阴角处搭接顺光,阳角无接缝。
5. 壁纸边缘平直整齐,不得有纸毛、飞刺。
6. 不得有漏贴、补贴和脱层等缺陷。

第 9 节　机喷石膏砂浆技术

4.9.1　概述

石膏砂浆是以半水石膏为胶凝材料的预拌砂浆,是一种新型的墙体室内专用的绿色环保型抹灰材料,能解决建筑工程中许多材料面抹灰难,易出现空鼓、开裂等质量通病,尤其对混凝土、加气混凝土砌块、聚苯板等各种基材效果更加明显。尤其是现今执行分户验收的标准,粉刷石膏既可保证施工质量,又可保证达到分户验收的标准,同时粉刷石膏能消除工程竣工后的各种质量隐患,避免大量的重复作业及返工现象,也解决了采用砂浆抹灰带来的诸多问题。

4.9.2　性能特点

1. 粘结性能好,对墙体基层做清理后,该材料可直接用于各种墙体抹灰。
2. 不需要对混凝土板、柱、梁、轻质砌体进行界面剂处理。
3. 原材料为天然成分,粉刷成型后无不良的收缩性能,具有微膨胀功能,能防止墙面的细裂缝出现,使用后无空鼓、开裂。

4. 喷涂成型后的墙面在施工过程中，具有一定的材料气泡空隙，具备有其他材料不具备的活性功能，即有吸气、吸声效果。特别在连续下雨天对房间潮湿气体能有较好的吸收效果。

5. 具有一定的保湿和防火性能。

6. 材料为天然成分，对室内空气进行检测，数据值均远小于粉刷的水泥砂浆检测标准值，为无污染产品。

7. 节能效果好，避免常规工地上使用黄砂材料所造成的扬尘，并减小施工现场原材料堆放面积。

8. 采用机械喷涂施工工艺，每台班每天工作量在 400m^2 以上，能有效缩短工期。

9. 机喷型石膏砂浆墙面，如后期因重新埋管、设备改装等进行修补，不会产生墙面起壳和空鼓现象。

10. 材料能够广泛适用于现浇混凝土、加气混凝土、聚苯板和各种保温浆料及粉煤灰砖制品。

4.9.3 施工作业条件

1. 主体或楼屋面施工完毕并验收通过。

2. 石膏砂浆施工质量直接影响到房屋结构使用、居住及安全可靠性，在石膏砂浆施工中，严格控制施工质量，认真执行国家、地方制定的施工规范和质量标准，使之在建筑生产活动中落实到位，将石膏砂浆施工分为：①放线→②贴网格布→③冲筋→④复筋、补筋→⑤护角→⑥喷墙→⑦修补→⑧清理现场等几道工序，施工当中严格按照施工工序细则进行施工并确保其施工质量。

（1）放线

1）严格按照施工图纸尺寸要求进行放线、打点；

2）采用两台红外仪放对角位置拉横、竖线控制房间方正（方正度须控制在 5mm 内）；

3）每墙面打点时必须拉横线，确保一面墙上所有的点都在一个平面上（垂直度、平整度控制在 1mm）；

4）每条筋间距不得大于 1300mm，阴角左 100mm、右 200mm 位置必须放置灰筋；

5）每条灰筋必须垂直，两点离地面 400mm 和 1700mm；

6）每间房放线完成后开间、进深必须控制在±5mm 内；衣柜、壁橱部位开间、进深控制在＋5mm 内；

7）墙厚按照施工图纸要求控制在±2mm 内；

8）放线过程中，对施工界面尺寸存在问题的部位应及时通知相关管理人员进行处理。

（2）贴网格布

1）严格按照施工图纸及现场技术交底的要求进行施工；

2）网格布粘贴前须先检查界面，对施工界面尺寸存在问题的部位应及时通知相关管理人员进行处理；

3）网格布粘贴须严格按照：先满批石膏砂浆刮平→张铺网格布至平顺→满批石膏砂浆刮平；

4）粘贴网格布必须齐缝对中；

5）各结构缝及线管线槽等部位缝隙回填应密实，严禁出现空鼓。

（3）冲筋

1）严格按照放线、打点的尺寸，位置要求进行施工，不得偷减灰筋数量；

2）冲筋前应先检查各结构缝及线管线槽等部位是否粘贴网格布以及施工质量，对遗漏和达不到质量要求的部位，及时通知上道工序施工人员进行处理；

3）冲筋用料必须调制均匀，灰筋饱满，表面光洁平整，垂直度平整度控制在2mm；

4）灰筋接头部位必须留置斜口以方便接筋；

5）冲筋、接筋完成后应进行检查，发现问题及时进行修补，确保灰筋质量。

（4）复筋、补筋

1）将未冲到顶的灰筋进行复筋，每条灰筋须"顶天立地"；

2）冲筋、接筋完成后由实测实量人员进行垂直度、平整度、光洁度检查，发现问题及时进行修补，确保灰筋质量。

（5）护角

1）严格按照施工图纸及现场技术交底的要求进行施工；

2）施工前应对门、窗边护角部位进行检查，对出现的界面尺寸等问题及时通知相关工序人员或现场管理人员进行处理；

3）施工过程中应采用线锤吊直，确保边角平整、垂直（控制在±2mm）；

4）严格控制门洞、窗口尺寸（门洞、窗口控制在±2mm）。

（6）喷墙

1）墙面喷刮前应先检查灰筋是否按照要求冲、接完整；

2）喷刮前应先对墙面进行洒水湿润；

3）对剪力墙墙面可先进行人工满批一遍，厚度在3～5mm，待初凝后再进行机器喷涂（或者在喷涂完成后人工及时跟进压泡），从而消除剪力墙墙面的气泡；

4）墙面须喷刮至灰筋面并至墙面平整、光洁；

5）阴角部位须喷刮到位直至垂直、平整；

6）每间房喷刮完成后，门、窗边及地面散落余料应及时清理干净，确保干净、整洁；

7）喷刮过程中，对出现的空鼓、气泡以及裂纹等应及时做修补处理，做到每间房喷刮完成后跟进修补；

8）施工现场做到工完场清。

（7）修补

1）专职实测实量人员对石膏砂浆喷刮完成后的作业面进行实测实量，并及时安排人员进行修补，用专用工具将表面毛糙、凸出部位和误差点进行挫平，使之符合规范标准要求；

2）实测实量标准：方正度≤10mm，开间、进深±10mm，垂直度、平整度±4mm，阴阳角±2mm，衣柜、壁橱开间±5mm。

（8）清理现场

修补完成后对施工作业面进行清理，将遗留的材料、施工用具及其机配件等清理出作业面并清扫干净。

4.9.4 夏季施工易发问题及预控方案

1. 粉刷石膏易受潮结块。
2. 夏季高温时段,石膏砂浆表凝时间约为 20min,抹刮后材料应即刻收集回用,否则容易发生硬化;硬化的材料再次上墙,容易引起空鼓剥落等风险。
3. 由于高温,料浆的水分容易被墙体基层吸收且挥发较快,致使粉刷石膏缺少水化所必需的水分,因而出现裂纹、空鼓。

4.9.5 质量控制措施

1. 保证项目:所用材料的品种、质量必须符合设计要求,各抹灰层之间及抹灰层与基体之间必须粘结牢固,无脱层、空鼓、面层无裂缝等缺陷。
2. 基本项目:表面光滑、洁净,颜色均匀,无明显抹纹,墙面垂直平整,房间方正。
3. 空洞、槽、盒尺寸正确,方正、整齐、光滑,管道后面抹灰平整。
4. 专职实测实量人员根据验收规范进行检验,对每道施工工序进行跟踪检查、实测,对出现的质量问题及时处理以达到质量标准。

第 10 节 墙体玻化砖施工技术

4.10.1 前言

玻化砖是瓷质抛光砖的俗称,是通体砖坯体的表面经过打磨而成的一种光亮的砖,属通体砖的一种。吸水率低于 0.5% 的陶瓷砖都称为玻化砖,抛光砖吸水率低于 0.5% 也属玻化砖(高于 0.5% 就只能是抛光砖不是玻化砖)。将玻化砖进行镜面抛光即得玻化抛光砖,因为吸水率低的缘故其硬度也相对较高,不容易有划痕。

4.10.2 施工条件

防水砂浆保护抹灰验收完毕,全部饰面材料按计划数量完成验收入库。墙面拉线贴灰饼和冲筋已做完,大面积底槽完成,基层经自检、互检、交接检,墙面平整度、垂直度合格。管道经检查无漏敷,试压合格。墙洞封闭,电管埋设完成,有防水要求的房间防水工程已完工。窗框按正确位置安装完毕,标高符合设计。

4.10.3 施工操作工艺

基层清理→抹灰找方、刷结合层→排砖、分割、弹线→选砖→镶贴面砖→面砖勾缝→擦缝、清理表面。

1. 基层清理

首先将凸出墙面的混凝土剔平,对大钢模施工的混凝土墙面应凿毛,并用钢丝刷满刷一遍,再浇水湿润。如果基层混凝土表面很光滑时,亦可采取如下的"毛化处理"办法,即先将表面尘土、污垢清扫干净,用 10% 火碱水将板面的油污刷掉,随之用净水将碱液冲净、晾干,然后用 1∶1 水泥细砂浆内掺水重 20% 的 108 胶拌合,用笤帚将砂浆甩到墙上,其甩点要均匀不宜过厚,终凝后浇水养护,直至水泥砂浆疙瘩全部粘到混凝土光面上,并有较高的强度为止。

2. 抹灰找方、刷结合层

根据面砖的规格尺寸设点、做灰饼,先刷一道掺水重 10% 的 108 胶水泥素浆,紧跟着分层分遍抹底层砂浆(常温时采用配合比为 1∶3 水泥砂浆),每一遍厚度宜为 5mm,抹后用木抹子搓平,隔天浇水养护;待第一遍六至七成干时,即可抹第二遍,厚度 8~

12mm，随即用木杠刮平、木抹子搓毛，隔天浇水养护；若需要抹第三遍时，其操作方法同第二遍，直到把底层砂浆抹平为止，在底层砂浆完成后要均匀涂刷一道界面剂，增强粘结力。

3. 排砖、分割、弹线

待基层灰六至七成干时，即可按图纸要求进行分格弹线，同时可进行面层贴标准点的工作，以控制出墙尺寸及垂直、平整；根据大样图及墙面尺寸进行横竖向排砖，以保证砖缝隙均匀，符合设计图纸要求，注意大墙面要排整砖，以及在同一墙面上的横竖排列，均不得有一行以上的非整砖。非整砖行应排在次要部位，如窗间墙或阴角处等，但也要注意一致和对称。如遇有凸出的卡件，应用整砖套割吻合，不得用非整砖随意拼凑镶贴。

4. 选砖

选砖是保证饰面砖镶贴质量的关键工序。为保证镶贴质量，必须在镶贴前按颜色的深浅不同进行挑选归类，然后再对其几何尺寸大小进行分选。挑选饰面砖几何尺寸的大小，采用自制分选套模，严禁用几块零砖拼凑。

5. 镶贴面砖

在套方层上涂刷一遍界面剂，从而增加粘贴力。在玻化砖胶粘剂搅拌时应先在桶中加入足够量的水后，再放入砂浆粉剂。胶粘剂与水的配比是4∶1，在搅拌时应使用大马力的搅拌设备，不能出现小块或搅拌不均匀等现象，在搅拌均匀后应放置5min进行熟化后再使用。在粘贴前须使用湿布逐一将玻化砖背后白色脱模剂擦拭干净，并干燥、使无油污。使用双组分胶粘剂时，在瓷砖背面刷防渗剂时应交叉刷均匀，晾20～30min。在粘贴前应双面（瓷砖背面、墙面）抹灰。粘贴层厚度宜控制在5～8mm，防止因收缩比过大造成空鼓。在粘砖过程中，须一次性将瓷砖粘贴成功，不能粘至墙面后再左右大幅度移动。双面打灰粘贴，同时使用齿形灰刀操作，保证空气良好导出，防止气泡产生。

6. 面砖勾缝

饰面砖铺贴完毕24h后，应用棉纱头蘸水将砖面灰浆拭净。同时用与饰面砖颜色相同的水泥（彩色面砖应加同色颜料）嵌缝，嵌缝中务必注意应全部封闭镶贴时产生的气孔和砂眼。

7. 擦缝、清理表面

嵌缝后应用纱头蘸水擦拭干净。如饰面砖砖面污染严重，可用稀盐酸洗后用清水冲洗干净。

4.10.4 质量标准

1. 主控项目

（1）饰面砖的品种、规格、图案、颜色和性能应符合设计要求。

检验方法：观察；检查产品合格证书、进场验收记录、性能检测报告和复验报告。

（2）饰面砖粘贴工程的找平、防水、粘结和勾缝材料及施工方法应符合设计要求及国家现行产品标准和工程技术标准的规定。

检验方法：检查产品合格证书、复验报告和隐蔽工程验收记录。

（3）饰面砖粘贴必须牢固。

检验方法：检查样板件粘结强度检测报告和施工记录。

（4）满粘法施工的饰面砖工程应无空鼓、裂缝。

检验方法：观察，用小锤轻击检查。

2. 一般项目

（1）饰面砖表面应平整、洁净、色泽一致，无裂痕和缺损。

检验方法：观察。

（2）阴阳角处搭接方式、非整砖使用部位应符合设计要求。

检验方法：观察。

（3）墙面凸出物周围的饰面砖应整砖套割吻合，边缘应整齐。墙裙、贴脸凸出墙面的厚度应一致。

检验方法：观察，尺量检查。

（4）饰面砖接缝应平直、光滑，填嵌应连续、密实；宽度和深度应符合设计要求。

检验方法：观察，尺量检查。

4.10.5　成品保护

1. 玻化砖存放时要放入室内或在棚内保存，面砖下垫方木，以防着水后污染，并避免日晒雨淋。

2. 油漆粉刷施工时不得将油浆喷滴在已完成的玻化砖上，在施工前应用贴纸或塑料薄膜进行保护，防止污染。

3. 认真贯彻合理的施工顺序，吊顶隐蔽工程（水、电、通风、设备安装等）及吊顶龙骨、封板等工序应在墙面湿作业开始前完成，防止对面砖造成污染。